PLANTS

해

다나카 오사무 지음

이은혜 옮김

탄생부터 죽음까지 66가지 퀴즈로 알아보는 식물의 삶

다나카 오사무

1947년 일본 교토 출생. 교토대학 농학부를 졸업하고 교토대학 농학연구과 박사과정을 수료했다. 스미스소니언 연구소 박사연구원, 고난대학 이공학부 교수를 거쳐 현재는 고난대학 특별 객원교수로 역임 중이다. 직접 쓴 책으로는 『植物はすごい 식물은 대단하다』, 『雑草のはなし 잡초 이야기』〈中央公論新社〉, 『植物のあっぱれな生き方 식물의 눈부신 삶』〈幻冬舍新書〉, 『植物は人類最強の相棒である 식물은 인류의 최강 파트너』〈PHP新書〉, 『植物のかしこい生き方 식물의 현명한 삶』〈SB新書〉, 『入門たのしい植物学 입문 즐거운 식물학』〈講談社〉, 『葉っぱのふしぎ 이파리의 신비』〈サイエンス・アイ新書〉 등이 있다.

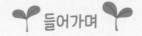 들어가며

식물은 계절의 흐름에 맞춰 한 해를 살아간다. 하지만 우리는 식물이 보여주는 현상에 익숙해져 그 의미를 깊게 생각하지 않는다.

나뭇잎은 왜 녹색을 띠는지, 왜 봄이 오면 꽃을 피우는지, 겨울에도 녹색인 식물은 어째서 시들지 않는지. 그 이유를 생각해보자. 이러한 질문의 해답에는 자연에서 살아남기 위한 식물의 지혜와 체계가 숨어있다.

식물에 관한 질문과 해답을 통해 그동안 우리가 몰랐던 식물의 새로운 모습과 계절마다의 얼굴을 마주할 수 있을 것이다.

예컨대, 봄은 다양한 식물이 싹을 틔우는 계절이다. 나무가 꽃봉오리를 터뜨리며 잎을 돋우는 시기이기도 하다. 즉 봄은 여름을 지나 가을로 가는 '시작의 계절'이다. 또한 우리에게도 입학식이나 입사식이 열리는 '새로운 일상을 시작하는 희망찬 계절'이다. 이처럼 봄은 사람이든 식물이든 그 무엇에게나 '시작'을 알리는 계절이라고 할 수 있다.

하지만 모든 식물이 봄을 희망의 계절로 맞이하지는 않는다. 예쁜 꽃을 피워 우리에게 봄소식을 전하는 식물 중에는 여름의 무더위를 피해 씨앗을 만든 뒤 모습을 감추는 종도 많다. 그들에게 '봄'이라는 계절은 삶을 마무리하는 '끝의 계절'인 셈이다.

여름은 어떨까? 식물에게 여름은 작열하는 태양 아래서 더위와 갈증에 맞서 싸워야 하는 계절이다. 여름에 밭을 보면 식물들이 잎을 축 늘어뜨리고 있다. 그들에게 여름은 '스트레스와 싸워야 하는 계절'이다.

마찬가지로 우리에게도 여름은 무더위를 참아가며 온열 질환과 싸워야 하는 계절이다. 사람만이 아니라 반려동물까지 더위를 먹어 힘들어한다.

하지만 여름에도 잘 자라는 식물이 있다. 열대 지방이나 아프리카, 동남아시아와 같이 더운 지방이 원산지인 식물은 무더위 속에서도 선조들이 태어난 고향을 그리며 기쁜 마음으로 삶을 이어간다. 그들에게 여름은 더워야 비로소 가치가 있는 계절이다.

그리고 결실의 계절이라고 하면 대부분 가을을 떠올리지만, 여름에 열매를 맺는 식물도 많다. 가지나 토마토, 오이, 여주, 피망, 호박과 같이 다양한 채소가 여름에 열린다. 그들에게는 여름이 '결실의 계절'이다.

가을은 선선한 바람이 불고 낙엽과 가랑잎이 흩날리는 쓸쓸한 계절이다. 식물들이 씨앗을 만들어 다음 세대에게 생을 넘기고 삶을 마감하는 계절이다. 노랗고 붉게 물든 단풍이 제아무리 아름다워도 이제 곧 바싹 말라 떨어질 거라는 사실을 알고 있으니 마음이 쓸쓸해지는 '끝의 계절'이다.

또한 가을은 우리에게 '수확의 계절'이기도 하다. 열매를 내어주는 식물에게 '감사해야 하는 계절'이다.

하지만 식물에게 가을은 다음 봄을 기다리며 겨울 추위와 맞서 싸울 준비를 하는 계절이다. 봄에 틔울 싹을 겨울눈 안에 꼭꼭 싸매두는 식물도 있고, 겨울 추위로부터 초록 잎을 지키기 위해 준비하는 식물도 있다. 그들에게는 가을이 봄에 꽃을 피우는 데 꼭 필요한 '준비의 계절'이다.

마지막으로 겨울에는 거의 모든 식물이 성장을 멈춘다. 겨울이 되면 식물은 잔뜩 웅크린 채 추위를 견딜 수밖에 없다.

우리도 겨울에는 추위를 피해 따뜻한 집안에 틀어박혀 지낸다. 그저 감기에 걸리지 않도록 조심하며 추위가 지나가기를 기다릴 수밖에 없다.

하지만 자연에는 추위에 맞서 봄맞이를 준비하는 식물도 많다. 이들은 겨울 추위를 겪지 않으면 봄이 와도 싹을 틔울 수 없다. 잎이 돋아나지 않으며, 꽃도 피우지 못한다.

그런 식물이 봄에 한 송이의 꽃을 피우기 위해서는 겨울의 매서운 추위가 꼭 필요하다. 아무런 준비도 없이 그저 날이 따뜻해졌다고 해서 싹이 나고 자라며, 꽃이 피는 것이 아니다. 봄에 꽃을 피우려면 준비가 필요하다. 겨울은 '준비의 계절'이며, 한 껏 날아올라 봄을 맞이할 수 있도록 돕는 '발판의 계절'이다.

이렇듯 식물은 계절마다 그 계절을 상징하는 현상을 보여준 다. 이 책은 봄, 여름, 가을, 겨울 순으로 각 계절에 나타나는 현 상을 퀴즈 형식으로 정리했다.

계절별로 식물이 보여주는 현상의 의미를 살펴보고, 원리와 가치를 확인해서 계절의 흐름에 따른 식물의 생애를 이해해 보 자. 이 책을 통해 식물이 살아가는 삶의 이면에 숨어있는 지혜 와 체계를 알고, 그들의 치열한 삶의 방식에 공감하기를 바란다.

어쩌면 정답이라고 소개된 부분을 보고 '그렇지 않다', '다른 경우도 있다'라고 생각할 수도 있다. 모든 경우에는 예외가 존 재하는 법이니 그럴 때는 가장 적합한 사실을 정답으로 소개했 다고 이해해 주기를 바란다.

마지막으로 원고를 검토하고 소중한 의견을 주신 국립연구개 발법인 농업·식품 산업기술 종합연구기구의 기획전략본부 연 구진행부 프로젝트 확보추진실 소속 아키라 와타루 이학박사 와 기획부터 출판까지 정성을 다해 도와주신 편집자에게 진심 으로 감사의 마음을 전한다.

다나카 오사무

Y 봄 Y

- □ 봄은 시작이자 끝의 계절이다.
- □ 멸종을 피하기 위한 지혜가 발휘된다.
- □ 씨앗은 기회를 기다린다.
- □ 잎은 빛을 구별한다.

Y 여름 Y

- □ 더위에 강한 식물은 원산지가 더운 지방이다.
- □ 잎이 땀을 흘리는 데는 이유가 있다.
- □ 활성 산소는 사람과 식물, 모두에게 해롭다.
- □ 자리싸움을 하지 않고도 살아가는 방법이 있다.

Y 가을 Y

- □ 노란 단풍과 빨간 단풍은 생성 원리가 다르다.
- □ 떨어져야 할 때를 아는 잎이 있다.
- □ 모든 방법을 동원해서 추운 겨울을 대비한다.
- □ 봄에 꽃을 피우는 알뿌리 식물은 조심성이 많다.

Y 겨울 Y

- □ 겨울은 추위에 얼어붙어 있기만 한 계절이 아니다.
- □ 하나의 현상에 2단계의 과정이 작용할 때가 있다.
- □ 꽃꽃이한 꽃도 숨을 쉰다.
- □ 활짝 핀 벚꽃의 뒤에는 1년에 걸친 노력이 있다.

목차

봄 Y

여름 𐎚

가을 Y

겨울 Y

봄

1 식물은 대부분 매년 정해진 계절에 규칙적으로 꽃을 피운다. 그중 화초는 봄이 오면 따뜻한 계절이 오기를 손꼽아 기다렸다는 듯이 꽃을 피운다. 화초는 왜 봄에 꽃을 피울까?

A 꿀벌과 나비 같은 곤충들이 활동을 시작해서

B 더운 여름이 다가오고 있어서

C 추운 겨울이 지나가서

(정답과 해설은 p14)

2 자연에는 아주 먼 옛날부터 각각의 식물이 꽃을 피우는 계절이 정해져 있었다. 봄에 꽃을 피우는 화초는 어떻게 봄이 왔다는 사실을 알까?

A 꿀벌과 나비 같은 곤충들이 활동을 시작하는 것을 보고
B 따뜻해진 것을 느끼고
C 낮이 길어지고 밤은 짧아지는 것을 보고

(정답과 해설은 p16)

3 일반적으로 식물은 싹이 트면 새싹이 자라나 잎이 무성해지고, 다음으로 꽃을 피운다. 그런데 잎이 한 장도 없는 상태로 꽃이 피는 식물도 있을까?

A 그런 식물이 있을 리가 없다
B 아직 발견하지 못했지만 존재할 가능성은 있다
C 특별히 드문 일이 아니며 그런 식물도 꽤 많다

(정답과 해설은 p18)

화초는 왜 봄에
꽃을 피울까?

정답 **B** 　더운 여름이 다가오고 있어서

　화초는 대부분 봄에 꽃을 피운다. 그 현상의 의미는 깊게 생각하지 않으면 알아차릴 수 없다. 단순히 '꿀벌과 나비 같은 곤충들이 활동을 시작해서' 또는 '추운 겨울이 지나가고 기온이 적당히 올라서'라고 생각하기 쉽다.

　하지만 화초가 꽃을 피우는 목적이 무엇인지 생각해 보자. 씨앗을 만들기 위해서가 아닐까. 그렇다면 '화초는 왜 봄에 꽃을 피울까'라는 질문은 '화초는 왜 봄에 씨앗을 만들까'라는 질문과 같다.

　씨앗은 식물의 삶에서 여러 가지 중요한 역할을 한다. 그중 하나가 성장에 적합하지 않은 환경에서 살아남는 것이다. 씨앗은 식물이 견디기 힘든 더위, 추위, 가뭄과 같은 혹독한 환경에서도 잘 견딘다.

　매년 찾아오는 여름은 더위에 약한 화초에게 그야말로 고역의 계절이다. 그래서 괴로운 여름을 씨앗의 형태로 나기 위해 봄에 꽃봉오리를 만들어 꽃을 피우고, 씨앗이 되어 모습을 감춘다. 대부분의 화초가 봄에 꽃을 피우는 이유가 여기에 있다.

　여름에는 녹색 식물이 우거져 몇몇 식물이 모습을 감추어도 눈에 띄지 않는다. 하지만 가만히 생각해 보면 유채꽃이나 튤립, 카네이션 같이 봄에 꽃을 피웠던 화초들을 여름에는 볼 수 없다.

　일반적으로 봄은 싹이 트고 나무에 새잎이 돋아나는 계절이며, 생명이 탄생하는 계절이라고 생각한다. 하지만 봄에 꽃을 피우는 화초는 꽃을 피워 삶을 마무리하는 활동, 즉 '끝을 준비하는 활동'을 시작하는 셈이다.

그들에게는 봄이 '끝의 계절'이다.

꿀벌과 나비가 날아다니는 모습을 떠올리면 상상하기 힘들지만, 봄은 화초가 씨앗을 남기고 모습을 감추는 계절이기도 하다. 그들에게 봄이란, 양기로 가득하고 따뜻하기만 한 계절이 아니라는 의미다.

봄에 '끝을 준비하는' 식물들

유채꽃(위), 약모밀(왼쪽 아래), 시금치(오른쪽 아래)

봄에 꽃을 피우는 화초는
어떻게 봄이 왔다는 사실을 알까?

정답 C   낮이 길어지고 밤은 짧아지는 것을 보고

봄은 화초에게 삶을 마무리하는 계절이다. 하지만 그들은 슬퍼하지 않는다. 그들에게 봄이란, 식물의 모습으로 버틸 수 없는 더운 여름을 나기 위해 씨앗을 만드는 계절이다. 결국 다음 세대를 살아갈 자손에게 삶을 넘겨주는 계절이라고 할 수 있다.

화초는 여름의 무더위를 씨앗의 형태로 버티기 위해 봄에 꽃을 피운다. 즉 더위가 찾아오기 전인 봄에 꽃봉오리를 만들고 꽃을 피워야 한다.

여기서 한 가지 궁금증이 생긴다. 봄에 꽃을 피우는 화초는 곧 여름이 온다는 사실을 미리 아는 걸까?

여름이 오기 전에 씨앗을 만드는 유채꽃

정답은 '그렇다'이다. 그러면 궁금증은 다음 질문으로 이어진다. 화초는 여름이 오는 것을 어떻게 미리 알 수 있을까? 이 질문의 답은 '잎이 밤의 길이를 파악하기 때문'이다.

그러면 그다음 궁금증은 '밤의 길이로 여름이 오는 것을 알 수 있는가?'가 될

테고, 답은 당연히 'YES'다. 밤의 길이와 기온 변화 사이의 관계를 생각해 보자.

12월 하순에 동지가 지나면 밤이 점점 짧아지기 시작한다. 그러다 6월 하순에 하지가 되면 밤이 가장 짧아진다. 그런데 가장 더운 시기는 8월 이다. 다시 말해 밤의 길이 변화는 기온의 변화보다 두 달 정도 앞서간다. 아래의 그래프를 살펴보면 그 사실을 잘 알 수 있다.

따라서 화초는 잎을 통해 밤의 길이를 파악해서 약 두 달 전에 여름이 온다는 사실을 미리 알 수 있다. 질문의 정답은 '낮이 길어지고 밤은 짧아 지는 것을 보고'였지만, 이 답을 되새겨 보면 우리의 궁금증은 다시 '낮과 밤 중에 어느 쪽의 길이가 중요할까?'라는 질문으로 이어질 것이다. 정답 은 '밤의 길이'다. 식물이 계절의 흐름을 파악할 때는 낮의 길이보다 밤의 길이가 중요하다.

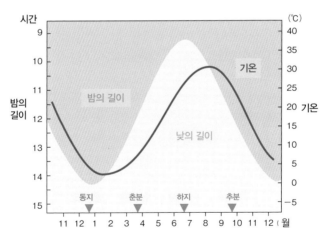

연간 밤낮의 길이 변화와 기온의 변화

17

잎이 한 장도 없는 상태로
꽃이 피는 식물도 있을까?

정답 <u>C</u>   특별히 드문 일이 아니며 그런 식물도 꽤 많다

매화나무, 복숭아나무, 목련, 자목련처럼 봄에 잎을 틔우기 전에 꽃을 피우는 나무도 많다. 따라서 정답은 C다.

식물은 대부분 무성한 잎을 피운 뒤 꽃이 맺힌다. 왜 그럴까? 일반적으로 식물은 꽃이 핀 후, 씨앗과 열매가 생기고 그때 필요한 영양분은 잎을 통해 만든다. 그래서 꽃을 피우기 전에 잎이 먼저 돋아나 영양분을 흡수하고 비축한다.

바꿔 말하면 꽃이 핀 후에 씨앗을 만들 영양분을 이미 비축해 둔 식물은 잎이 돋아나기 전에 먼저 꽃을 피울 수 있다는 의미다. 꽃이 먼저 피는 나무는 줄기, 가지, 뿌리에 영양분이 저장되어 있다.

예를 들어 벚꽃은 대부분 잎이 돋아나기 전에 꽃이 먼저 핀다. 대표적으로 왕벚나무에는 잎을 품고 있는 눈과 꽃봉오리를 품고 있는 눈이 따로 있다. 꽃이 먼저 피는 이유는 꽃봉오리를 품고 있는 눈이 잎을 품고 있는 눈보다 낮은 온도에서 더 빨리 성장하기 때문이다.

'사쿠라나베[1]'라는 일본의 전골 요리에 말고기가 들어가는 이유도 이런 성질에서 유래했다고 한다. 경마에서 근소한 도착 순위를 가릴 때 머리나 목 길이만큼 차이가 나는 경우를 '머리차 승부', '목차 승부'라고 한다, 이때 목 길이만큼도 차이가 나지 않을 때는 '코차 승부[2]'라고도 한다. 코 길이만큼의 근소한 차이라는 의미다.

코차 승부라는 표현은 말의 코가 입보다 앞에 있어서 결승선을 가장 먼저 통과하기 때문에 쓰인다. 즉 말은 코가 입 안에 있는 이[3]보다 먼저 나온다. 말과 벚꽃은 둘 다 '코(꽃)가 이(잎)보다 먼저 나온다'라는 점에서 같고, 그래서 사쿠라나베에는 말고기가 안성맞춤이라는 것이다.

1) 여기서 '사쿠라'는 일본어로 벚꽃을 의미함
2) '코'와 '꽃'을 의미하는 일본어는 'はな(하나)'로 발음이 같음

4 봄이 되면 나무들은 따뜻한 계절이 오기를 손꼽아 기다렸다는 듯이 꽃을 피운다. 그리고 꽃이 피기 전에는 항상 꽃봉오리가 생긴다. 그런데 봄에 꽃을 피우는 나무의 꽃봉오리는 언제 생기는 걸까?

A 꽃을 피우고 난 직후 그해 여름

B 꽃을 피우기 3개월 전 추운 겨울

C 꽃을 피우기 1개월 전 막 따뜻해지기 시작할 때

(정답과 해설은 p22)

벚꽃의 개화를 알릴 때 표본으로 사용하는 나무

도쿄 관할 기상대가 표본으로 관찰하는 야스쿠니 신사(도쿄도 치요다구 소재)의 왕벚나무

5 소나무, 삼나무, 은행나무처럼 꽃에 꽃잎이 없는 식물을 '겉씨식물'이라 부른다. 이 겉씨식물이 진화해 '속씨식물'이 되었고, 속씨식물은 예쁘고 눈에 띄는 색의 꽃잎을 가지고 있다. 그렇다면 꽃에 꽃잎이 없는 속씨식물도 있을까?

A 그런 식물은 없다

B 매우 드물며 우리 주변에서는 잘 볼 수 없다

C 특별히 드문 일이 아니며 그런 식물도 꽤 많다

(정답과 해설은 p24)

6 씨앗은 꽃이 핀 이후에 생긴다. 특히 나무는 오랜 시간을 살며 거의 매년 꽃을 피우고 씨앗을 만든다. '나무는 씨앗을 만들기 위해 꽃을 피운다'고 바꿔 말할 수도 있을 정도다. 그런데 꽃을 피우면서도 씨앗은 만들지 않는 나무가 있을까?

A 그런 나무가 있었지만 멸종했다

B 드물기는 하지만 찾아보면 있을 수도 있다

C 우리 주변에서 흔히 볼 수 있다

(정답과 해설은 p26)

봄에 꽃을 피우는 나무의
꽃봉오리는 언제 생기는 걸까?

정답 A 꽃을 피우고 난 직후 그해 여름

자목련, 매화, 복숭아, 꽃산딸나무처럼 봄에 꽃을 피우는 나무는 다양하다. 그리고 오른쪽 페이지에 정리한 표에서 볼 수 있듯이 이런 나무는 일반적으로 여름에서 겨울 사이에 꽃봉오리를 만든다. 예를 들어 벚꽃의 꽃봉오리는 7~8월에 생기지만 꽃은 이듬해 봄에 핀다. 그리고 이런 현상은 벚꽃만이 가진 특이한 성질도 아니다.

여름에 생긴 꽃봉오리가 그대로 자라서 가을에 꽃을 피워도 되지 않을까? 이렇게 생각할 수도 있지만 만약 가을에 꽃을 피우면 곧 닥쳐올 겨울 추위 때문에 씨앗을 만들지 못해서 자손을 남길 수가 없다. 그렇게 되면 그 식물은 멸종하고 만다.

그래서 이런 나무들은 애써 만든 꽃봉오리를 허무하게 보내지 않기 위해 가을에 '겨울눈'을 만든다. '월동눈'이라고도 부르는 겨울눈은 식물이 추운 겨울을 나기 위해 만드는 눈이다. 꽃봉오리는 겨울눈 안에서 추운 겨울을 견디며 봄을 기다린다.

그런데 앞에서 '가을에 꽃을 피우면 곧 닥쳐올 겨울 추위 때문에 씨앗을 만들지 못해서 자손을 남길 수가 없다'라고 했지만, 국화나 코스모스는 여름에서 초가을 사이에 꽃봉오리를 만들고 가을에 꽃을 피운다. 어떻게 된 일일까? 국화나 코스모스는 꽃과 씨앗이 만들어지는 기간이 짧다. 그래서 가을에 꽃을 피워도 겨울 추위가 닥치기 전에 씨앗을 만들어 자손을 남길 수 있다.

봄에 자목련과 매화, 복숭아, 꽃산딸나무의 꽃이 피면 모두가 감탄한다. 하지만 이 나무들도 벚꽃과 마찬가지로 꽃이 지고 나면 바로 다음 해의 개화 준비를 시작한다. 다시 말해 봄에 꽃을 피우는 꽃나무류는 거의 일 년 전부터 개화를 준비한다.

봄에 꽃이 피는 나무의 꽃봉오리 생성 시기

나무 이름		꽃봉오리가 생기는 시기
자목련		5월 중순
벚꽃		7월 초
영산홍		7월 초
매화		7월 말
복숭아		8월 초
꽃산딸나무		9월 초

꽃에 꽃잎이 없는
속씨식물도 있을까?

정답 **C** 특별히 드문 일이 아니며 그런 식물도 꽤 많다

예쁘고 눈에 띄는 색의 꽃잎을 가진 속씨식물은 종류가 다양하다. 그래서 특징에 따라 비슷한 식물끼리 같은 그룹으로 분류하는데, 많은 속씨식물이 우리에게 잘 알려진 장미과, 국화과, 콩과 그룹에 속한다.

장미과 식물에는 벚꽃, 매화, 복숭아가 있고, 국화과 식물에는 민들레, 해바라기, 코스모스가 있다. 이 식물들은 예쁜 색의 꽃잎을 가진 것으로도 유명하다. 콩과 식물인 대두, 땅콩, 강낭콩의 꽃도 조금 작기는 하지만, 색이나 모양은 아름답다.

장미과, 국화과, 콩과에 속하는 식물의 꽃은 꿀벌과 나비를 불러들일 수 있는 매력을 뽐내야 한다. 그 매력의 하나가 예쁜 색을 가진 꽃잎이다. 그런데 꽃잎이 없는 꽃을 피우는 속씨식물 그룹도 이 세 그룹에 뒤지지 않을 만큼 큰 그룹을 형성하고 있다.

'종류는 많아도 그런 식물은 씨앗을 많이 만들지 못할 것이다'라고 생각할지도 모르지만 사실 그렇지 않다. '인간은 이 식물들의 씨앗 덕분에 산다'라고 해도 과장이 아닐 정도다. 우리의 주식인 '3대 곡물'이 바로 이 식물들의 씨앗이기 때문이다. 3대 곡물은 벼, 밀, 옥수수를 말하며 모두 벼과에 속한다.

또한 보리, 사탕수수, 대나무, 조릿대, 피, 조, 수수, 잔디, 억새, 강아지풀과 같은 다양한 식물도 벼과에 속한다. 벼과는 장미과, 국화과, 콩과의 식물과 함께 가장 번성한 속씨식물 그룹의 하나다.

단, 꽃잎이 없어 곤충의 눈길을 끌지 못하기 때문에 벼과 식물은 꽃잎으로 곤충을 유혹하는 대신 다른 방법으로 자손을 남긴다. 이때 이용하는 것이 바람이다. 벼과 식물은 꿀벌과 나비가 아니라 바람을 이용해 꽃가루를 옮긴다.

꽃의 기본 구조

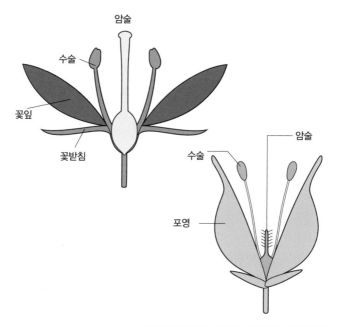

장미과, 국화과, 콩과 식물의 꽃은 안쪽에서 시작해
암술, 수술, 꽃잎, 꽃받침 순으로 구성되며,
벼과 식물의 꽃은 암술, 수술, 포영으로 구성되어 있음

꽃을 피우면서도
씨앗은 만들지 않는 나무가 있을까?

정답 **C** 우리 주변에서 흔히 볼 수 있다

꽃을 피우면서도 씨앗은 만들지 않는 일명 '씨 없는 식물'은 아주 많고, 그 이유도 다양하다. 그중에 우리 주변에서 흔히 볼 수 있는 신기한 식물이 있다. 수꽃만 피는 수그루와 암꽃만 피는 암그루로 나뉜 '암수딴그루(자웅이주)'라 불리는 식물이다.

은행나무와 산초나무, 키위, 시금치, 아스파라거스가 여기에 속한다. 예를 들어 은행나무의 암그루에는 씨앗인 은행이 열리지만, 수그루에는 꽃이 피더라도 씨앗은 생기지 않는다. 여기서 '씨앗이 한쪽에만 생기는 것은 손해'라는 생각이 들 수도 있다. 하나의 꽃에 수술과 암술이 모두 있으면 손해를 볼 필요가 없는데 왜 수그루와 암그루로 나뉘어 있을까?

일반적으로 식물의 꽃 속에는 암술과 수술이 모두 있다. 하지만 그렇다고 해도 자기 꽃가루를 같은 꽃 속에 있는 자기 암술에 붙여서 씨앗을 만드는 '제꽃가루받이(자가수분)'로 씨앗을 만들기를 원하는 식물은 많지 않다.

만약 '특정 질병에 약한 성질'을 가진 개체가 제꽃가루받이를 하면 그 성질은 그대로 자손에게 이어지기 때문이다. 계속 제꽃가루받이로 씨앗을 만들면 결국 그 식물 종은 모두 특정 질병에 약해질 것이다. 또한 그 질병이 유행하게 되면 멸종할 수도 있다. 즉 제꽃가루받이로 씨앗을 만들면 자손의 번성을 기대할 수 없다.

식물이든 동물이든 성별이 나뉘어 있고, 이들은 수컷과 암컷이 몸을 합치는 생식 활동을 한다. 그 이유는 서로의 성질을 혼합해 다양한 성질을 가진 자손을 만들기 위해서다. 그 대표적인 예가 암수딴그루 식물이다. 이들은 수그루와 암그루가 가진 각각의 성질을 섞어 다양한 성질을 가진 자손을 만들어 낸다. 이렇게 다양한 성질을 가진 자손이 있으면 어떤 환경 속에서도 결국 누군가는 살아남는다.

종자식물의 성별

쌍성꽃 식물(양성화, 한 꽃 속에 수술과 암술이 모두 있는 꽃)

－ 나팔꽃, 백합, 도라지, 봉선화, 자목련, 목련, 분꽃 등

암수한그루 식물(자웅동주, 수꽃과 암꽃이 한 그루에 피는 식물)

－ 오이, 여주, 수박, 호박, 삼나무, 소나무, 밤나무, 옥수수, 베고니아, 참소리쟁이 등

암수딴그루 식물(자웅이주, 수꽃과 암꽃이 다른 그루에 피는 식물)

－ 은행나무, 산초나무, 키위, 뽕나무, 금식나무, 버드나무, 감제풀, 아스파라거스, 시금치, 머위 등

| 은행나무 수꽃 | 은행나무 새싹과 암꽃 | 은행 |

7 꽃가루가 암술머리에 붙으면 씨앗이 생긴다. 하지만 씨앗은 암술머리가 아니라 아래쪽에 있는 배낭에서 만들어진다. 씨앗은 왜 암술의 아랫부분인 배낭에 생길까?

A 곤충이 날아와 꿀이 있는 암술의 배낭 쪽에 꽃가루를 묻히기 때문에

B 동물의 정자에 해당하는 꽃가루 속 정세포가 암술머리에서 난세포가 있는 배낭 쪽으로 이동하기 때문에

C 암술머리에 붙은 꽃가루에서 관이 뻗어 나오고, 정세포가 그 관을 통해 난세포가 있는 암술의 배낭 쪽으로 이동하기 때문에

(정답과 해설은 p30)

8 식물 중에는 '자기 꽃가루가 암술에 붙어도 씨앗이 생기지 않은 성질'을 가진 종이 있으며, 주로 과일나무가 이런 성질을 지녔다. 그래서 과수원에서는 다른 품종의 꽃가루를 사람이 직접 묻히는 '인공수분'이라는 방법을 사용한다. 인공수분을 할 때는 왜 다른 품종의 꽃가루를 사용할까?

A 다른 품종의 꽃가루를 수분시키면 수확 시기가 빨라져서

B 당도가 높은 품종의 꽃가루를 수분시키면 열매의 당도가 높아져서

C 같은 품종의 꽃가루는 자기 꽃가루나 마찬가지여서

(정답과 해설은 p32)

9 인공수분을 할 때는 다른 품종의 꽃가루를 수분시킨다. 그런데 배나 사과, 체리 같은 과일에는 다양한 품종이 있다. 그렇다면 인공수분에 사용하는 꽃가루의 품종에 따라 과일의 맛이 달라질까?

A 달라진다
B 달라지지 않는다
C 성질이 얼마나 강하냐에 따라 달라지므로 일괄적으로 단정할 수 없다

(정답과 해설은 p34)

배꽃에 인공수분을 하는 모습

씨앗은 왜 암술머리가 아니라
암술의 아랫부분인 배낭에 생길까?

정답 **C** 암술머리에 붙은 꽃가루에서 관이 뻗어 나오고,
정세포가 그 관을 통해 난세포가 있는
암술의 배낭 쪽으로 이동하기 때문에

동물과 마찬가지로 식물의 생식 과정에서도 암술에 있는 '난세포'와 꽃가루 속에 있는 수술의 '정세포'가 만나 자손(씨앗)이 만들어진다.

그런데 난세포는 긴 암술의 머리 부분이 아니라 아래쪽인 배낭에 있다. 따라서 꽃가루 속에 있는 수술의 정세포가 난세포를 만나려면 암술의 머리 부분(암술머리)에서 배낭 쪽으로 이동해야 한다.

동물의 정자에는 편모가 달려있어 스스로 헤엄쳐서 난세포를 찾아갈 수 있다. 하지만 식물의 꽃가루 속에 있는 정세포는 스스로 헤엄쳐서 난세포가 있는 곳까지 갈 능력이 없다.

따라서 꽃가루가 암술머리에 붙었다 해도 씨앗을 만들려면 난세포가 있는 곳까지 갈 방법이 필요하다. 무언가가 난세포가 있는 곳으로 정세포를 데려다주어야 한다.

그래서 꽃가루는 암술 위에 붙으면 '꽃가루관'이라는 관을 만든다. 배낭에 있는 난세포 옆까지 꽃가루관이 뻗어 나오고, 정세포는 그 관을 지나 난세포 쪽으로 이동한다. 그래야 비로소 정세포와 난세포는 하나가 될 수 있다. 이렇게 해서 난세포가 있는 암술의 배낭에서 씨앗이 생긴다.

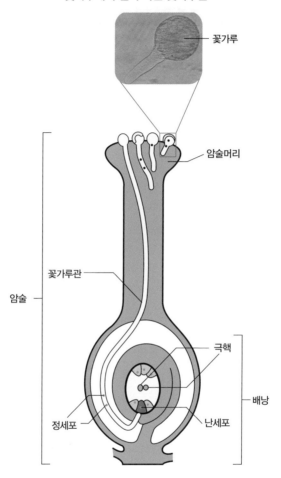

꽃가루에서 뻗어 나온 꽃가루관

꽃가루

암술머리

꽃가루관

암술

극핵

배낭

정세포

난세포

정세포가 난세포와 하나가 되려면 꽃가루에서 꽃가루관이 뻗어 나와야 한다. 꽃가루가 암술머리에 붙었더라도 꽃가루관이 뻗어 나오지 않으면 씨앗은 생기지 않는다.

인공수분을 할 때는 왜
다른 품종의 꽃가루를 사용할까?

정답 C ── 같은 품종의 꽃가루는
자기 꽃가루나 마찬가지여서

어떤 식물은 자기 꽃가루를 암술에 묻혀도 씨앗이 생기지 않는다. 이 성질을 '자가불화합성'이라고 한다. 그런데 이 성질을 알고 나면 '인공수분'에 관해 한 가지 궁금증이 생긴다.

'과수원에는 같은 품종의 나무가 잔뜩 모여 있으니 자기 꽃가루가 안 되면 옆 나무의 꽃가루로 하면 되지 않을까?' 하지만 옆 나무의 꽃가루는 도움이 되지 않는다. 그 이유는 같은 품종의 개체 수를 늘리는 방법에 대해 생각해 보면 알 수 있다.

과수원에서는 과일나무가 아무리 많아도 열리는 과일의 색과 모양, 맛, 향기, 크기가 같아야 한다. 한 과수원 안에서만이 아니라 어느 과수원에서 재배해도 품종명이 같은 나무라면 열매의 색과 모양, 맛, 향기, 크기가 같아야 한다. 그래야 소비자가 브랜드명을 믿고 구매할 수 있다.

같은 품질의 열매를 얻으려면 같은 품종의 나무가 모두 유전적으로 완전히 같은 성질을 가져야 한다. 그래서 과일나무는 개체 수를 늘릴 때 '접붙이기'(오른쪽 페이지 그림 참고) 방법을 사용한다.

접붙이기로 생겨난 나무는 모두 유전적으로 완전히 같은 성질을 가진다. 따라서 같은 품종의 나무에서 나온 꽃가루는 자기 꽃가루나 마찬가지라 암술에 묻혀도 씨앗이나 열매가 생기지 않는다. 그래서 인공수분을 할 때는 다른 품종의 꽃가루를 사용해야 한다.

다만 자가불화합성은 품종에 따라서 정도의 차이가 있다. 성질이 강한 품종은 자기 꽃가루로는 열매를 맺지 않지만, 성질이 약한 품종은 자기 꽃가루로 열매를 맺기도 한다.

이렇게 자가불화합성이 없거나 그 정도가 매우 약한 것을 '자가결실성'이라고 한다. 이런 품종은 한 그루만 있어도 열매가 열린다. 하지만 자가불화합성이 약한 품종도 다른 품종의 꽃가루를 수분시키면 더 많은 열매를 얻을 수 있다.

접붙이기 방법

접붙이기는 두 그루의 나무를 한 그루로 이어 붙이는 기술.
대목의 줄기나 가지에 틈을 만들고
접순의 줄기나 가지를 끼워 넣어 유착시킴

9

인공수분에 사용하는 꽃가루의
품종에 따라 과일의 맛이 달라질까?

정답 B   달라지지 않는다

인공수분을 할 때는 다른 품종의 꽃가루를 수분시킨다. 그런데 배나 사과, 체리 같은 과일은 품종이 다양하다. 그렇다면 인공수분에 사용하는 꽃가루의 품종에 따라 열매의 맛이 달라질까?

사과를 예로 들어 보자. '부사' 품종에 '아오리' 품종의 꽃가루를 수분시켰을 때와 '왕림' 품종의 꽃가루를 수분시켰을 때 맛이 달라질까?

사과는 열매 가운데에 있는 심 부분에 씨앗이 있다. 그리고 인공수분에 사용한 꽃가루의 성질은 그 씨앗 안에 들어있다. 하지만 우리가 먹는 부분은 씨앗이 아니라 꽃을 받치고 있던 꽃턱이 자라서 생긴 부분이다. 꽃턱 부분은 꽃가루가 가진 성질의 영향을 받지 않으므로 인공수분에 사용한 꽃가루의 품종에 따라 열매의 맛이 달라지는 일은 없다.

단, 인공수분에 사용한 꽃가루가 가진 성질은 열매에는 나타나지 않지만 씨앗에는 들어있다. 그래서 씨앗이 발아한 후의 새싹은 그 성질을 가진다. 이 사실은 '부사' 안에 들어있던 씨앗을 심어도 '부사'가 열리지 않는 것을 보면 알 수 있다.

부사

사과의 꽃과 열매

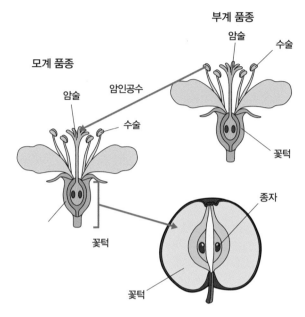

사과는 자가불화합성을 가진 식물이므로
인공수분을 할 때는 다른 품종의 꽃가루를 사용함.
따라서 여기서 생긴 씨앗에는 두 품종의 성질이 섞여있고,
이 씨앗에서 자라난 나무는 모계 품종과 일치하지 않음

'부사' 안에 있는 씨앗은 '부사' 품종인 나무에서 생겼으므로 어머니는 '부사'라 볼 수 있다. 하지만 꽃가루를 준 아버지는 다른 품종이다. 그래서 이 둘의 자식인 씨앗에는 두 품종의 성질이 섞여 있고, 이 씨앗에서 자라난 나무는 비슷하기는 하지만 '부사' 품종은 아니다. 따라서 이 씨앗을 뿌려서 키워도 '부사'는 열리지 않는다.

10 가끔 씨앗을 뿌리지도 않았는데 싹이 날 때가 있다. 정말 씨앗을 뿌리지 않아도 싹이 나올 수 있을까?

A 그런 일은 있을 수 없다
B 드물기는 하지만 일어날 수도 있다
C 특별히 드문 일도 아니고 흔히 일어나는 일이다

(정답과 해설은 p38)

11 봄에 날이 포근해지면 잡초들이 싹을 틔우기 시작한다. 왜 유독 봄에 많은 잡초가 싹을 틔울까?

A 햇볕의 세기가 광합성 하기에 적당해서
B 곧 다가올 여름이 광합성 하기에 좋은 시기여서
C 혹독했던 겨울 추위를 몸소 체험했기 때문에

(정답과 해설은 p40)

12 우리는 인생에서 무언가 기대되는 일이 시작될 때 '싹이 튼다'라는 표현을 사용한다. 식물도 마찬가지다. 싹이 트면 어서 자라서 꽃이 피고 열매가 생기기를 기대한다. 그런데 식물의 발아를 촉진하는 물질도 있을까?

A 그런 물질은 없다

B 지베렐린

C 옥신

D 아브시스산

(정답과 해설은 p42)

씨앗을 뿌리지 않아도 싹이 나올 수 있을까?

정답 C   특별히 드문 일도 아니고 흔히 일어나는 일이다

옛날부터 잡초는 '씨앗을 뿌리지 않아도 여기저기서 잘 자라는 식물'로 인식되었다. 그래서 옛날 사람들은 '풀은 씨앗을 뿌리지 않아도 썩은 땅에서 저절로 자라난다'고 생각했다. 여기서 '썩은 땅'은 양분이 많고 축축한 땅을 의미한다. 이 속설처럼 풀은 실제로 퍼석하게 마른 땅보다 썩은 땅에서 잘 자란다.

지금은 '아무것도 없는 곳에서 식물이 자라는 일은 있을 수 없다'라는 사실을 누구나 알고 있다. 당연히 씨앗 없이 싹이 트는 일은 불가능하다. 그런데 실제로 씨앗을 뿌리지 않았는데 싹이 트는 모습은 흔히 볼 수 있다.

씨앗을 뿌리지도 않았는데 식물이 자라는 현상이 일어났다면, 분명 씨앗이 어딘가 숨어있었다는 뜻이다. 누군가 숨긴 것이 아니라, 그 씨앗이 여기저기로 이동하는 성질을 가졌을 뿐이다.

민들레는 꽃을 피우고 난 뒤에 탁구공만한 솜털 뭉치를 만든다. 이 솜털의 가닥마다 씨앗이 하나씩 붙어있고, 씨앗들은 바람을 타고 제각각 흩어진다. 또한 괭이밥은 열매가 여물어 터질 때 씨앗을 멀리 퍼트린다. 도꼬마리와 쇠무릎은 씨앗을 품은 열매를 동물의 몸에 붙여 퍼뜨리기도 한다.

다만 식물의 씨앗은 이동해서 땅에 떨어져도 그 장소에서 바로 싹을 틔우지는 않는다. 다른 식물이 해를 가려 햇빛을 받지 못하거나 건조한 곳이라 물이 부족할 수도 있고, 온도가 적합하지 않을 때도 있다. 이처럼

싹을 틔울 수 없는 이유는 다양하다. 만약 그런 상황이라면 씨앗은 그곳에서 싹을 틔울 기회가 오기를 계속 기다린다.

마찬가지로 잡초의 씨앗도 여기저기로 퍼져서 기다리다가 때가 되면 기회를 놓치지 않고 싹을 틔운다. 그래서 '씨앗을 뿌리지 않아도 싹이 나오는 현상'이 일어나는 것이다.

다양한 방법으로 씨앗을 이동시키는 식물들

민들레(왼쪽), 도꼬마리(오른쪽 위), 쇠무릎(오른쪽 아래)

봄

왜 유독 봄에 많은 잡초가
싹을 틔울까?

정답 C 혹독했던 겨울 추위를 몸소 체험했기 때문에

봄이 오면 다양한 종류의 잡초가 싹을 틔운다. 겨울 동안 잡초가 자라지 않았던 땅에 촘촘히 싹이 돋아나 논두렁을 뒤덮는다.

잡초의 씨앗은 겨울에도 분명 같은 장소에 있었다. 그런데 왜 싹을 틔우지 않았을까? 식물이 싹을 틔울 때는 세 가지 조건(p42)이 필요하고, 그중 하나가 '적절한 온도'다. 하지만 추운 겨울에 싹이 트지 않는 이유가 '온도가 낮아서 발아에 적합하지 않기 때문'이라고만 생각하면 '따뜻한 날씨가 발아 조건에 적합해서'라고 이해하기 쉽다.

그래서 '왜 유독 봄에 많은 잡초가 싹을 틔울까'라는 질문을 던지면 바로 '따뜻해져서'라는 답이 돌아올 때가 많다. 대답하는 사람은 '왜 그런 당연한 것을 묻느냐'는 듯이 의아해한다.

따뜻해져서 싹이 트는 것도 맞다. 그 대답이 틀렸다는 말은 아니다. 다만 그것만으로는 부족하다. 그 대답에는 봄에 싹을 틔우기 위해 씨앗이 견뎌야 했던 고통이 들어있지 않다.

봄과 가을은 기온이 거의 비슷하다. 만약 기온이 따뜻해서 봄에 싹이 트는 것이라면 열매를 맺고 난 직후인 가을에 발아해도 된다. 하지만 가을에 싹을 틔우면 곧 닥쳐올 겨울 추위 때문에 싹이 자랄 수가 없다. 그래서 씨앗은 추운 겨울이 지나갔다는 사실을 확인하기 전까지는 절대 싹을 틔우지 않는다.

겨울이 끝났는지를 확인하려면 씨앗은 겨울 추위를 직접 느껴야 한다. 그래서 자연에서 봄에 싹을 틔우는 씨앗은 겨울에 땅속에서 추위를 몸소 체험한다. 혹독한 추위를 견디며 싹을 틔울 계절이 오기를 꿋꿋하게 기다린다. 즉 고통을 견뎌내야만 싹을 틔울 수 있다는 말이다.

선택지에 있었던 'A 햇볕의 세기가 광합성 하기에 적당해서'와 'B 곧 다가올 여름이 광합성 하기에 좋은 시기여서'도 발아한 다음에는 매우 중요한 요소다. 하지만 그 전에 혹독한 겨울 추위를 겪지 않으면 씨앗은 애초에 싹을 틔우지 않는다. 봄이라는 계절에 일어나는 수많은 현상은 겨울 추위 덕분에 일어날 수 있다.

저온 보관한 사과나무 종자의 발아

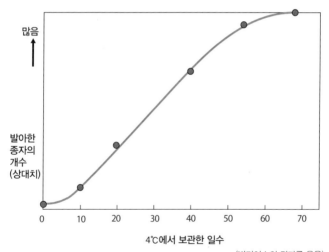

(빌리어스의 결과를 응용)

식물의 발아를 촉진하는 물질도 있을까?

정답 B 지베렐린

발아에 필요한 세 가지 조건은 '적절한 온도, 물, 공기(산소)'다. 대두나 강낭콩, 무순 같은 식물의 씨앗은 위의 세 가지 조건이 갖춰지면 쉽게 싹을 틔운다.

하지만 발아에 필요한 세 가지 조건이 갖춰져도 싹을 틔우지 않는 씨앗이 많다. 예를 들어 씨앗은 어두운 곳에 있으면 싹을 틔워도 광합성을 할 수 없으므로 발아하지 않는다. 또한 가을에 만들어진 씨앗도 바로 발아하지 않는다. 싹을 틔워도 겨울 추위를 버틸 수 없기 때문이다.

이렇게 싹을 틔울 능력과 발아에 필요한 세 가지 조건을 갖추었는데도 씨앗이 싹을 틔우지 않는 상태를 '휴면'이라고 한다. 그런데 '지베렐린'이라는 물질은 휴면 상태인 씨앗을 발아하게 만든다. 빛이 없으면 싹을 틔우지 않는 양상추와 질경이의 씨앗에 지베렐린을 주면 빛이 없어도 발아한다. 또한 겨울 추위를 겪지 않으면 싹을 틔우지 않는 복숭아나 장미, 사과 같은 식물의 씨앗도 지베렐린이 있으면 힘들게 추위와 싸우지 않고 싹을 틔울 수 있다.

지베렐린이 어떤 방식으로 발아를 촉진하는지는 벼나 밀, 보리 같은 벼과의 식물을 보면 잘 알 수 있다. 벼과 식물의 씨앗은 주로 세 부분으로 구성된다. 싹과 뿌리가 되는 '씨눈'과 녹말이 풍부한 '배젖', 배젖을 둘러싸고 있는 '호분층'이다.

'아밀라아제'라는 효소는 배젖에 들어있는 녹말을 분해해 포도당(글루코스)을 만들고, 이 포도당은 씨앗이 발아할 때 싹과 뿌리의 성장을 돕는 에너지원으로 쓰인다. 이 과정에서 아밀라아제를 만드는 물질이 바로 지베렐린이다.

지베릴린은 씨눈에서 만들어진 다음 호분층으로 이동해 아밀라아제를 만드는 작용을 한다. 배젖을 둘러싸고 있는 호분층에서 만들어진 아밀라아제는 녹말 성분이 있는 배젖으로 분비된다. 배젖에서 아밀라아제가 작용하면 녹말은 포도당으로 분해되고, 포도당이 발아에 필요한 에너지를 생성하면 식물의 싹이 트는 것이다.

지베렐린이 발아를 촉진하는 과정

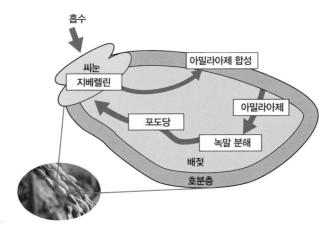

흡수
씨눈
지베렐린
아밀라아제 합성
아밀라아제
포도당
녹말 분해
배젖
호분층

13 싹이 트면 새싹은 위를 향해 자라난다. 싹에는 빛을 향해 자라는 성질이 있다. 그래서 빛이 쏟아지는 곳에서는 위를 향해 자란다. 하지만 땅속이나 빛이 없는 곳에서도 위를 향해 자란다. 식물은 왜 어둠 속에서도 위를 향해 자랄까?

A 씨앗의 위쪽에서 싹이 나와 똑바로 자라기 때문에

B 싹에는 중력과 반대 방향으로 자라는 성질이 있어서

C 싹은 건조한 쪽을 향해 자라기 때문에

D 싹은 흙이 적은 쪽을 향해 자라기 때문에

(정답과 해설은 p46)

14 식물의 뿌리는 왜 어둠 속에서도 아래를 향해 자랄까?

A 씨앗의 아래쪽에서 뿌리가 나와 똑바로 자라기 때문에

B 뿌리에는 빛을 피하는 성질이 있어서

C 뿌리에는 중력 방향으로 자라는 성질이 있어서

D 뿌리는 흙이 많은 쪽을 향해 자라기 때문에

(정답과 해설은 p48)

15 집에 있는 기둥은 대부분 사각기둥이지만 건물에 따라서는 원기둥을 쓴 곳도 있다. 또 젓가락은 단면이 둥근 것도 있지만, 사각으로 각이 진 것도 있다. 식물의 줄기는 어떨까? 식물의 줄기를 잘라 보면 대부분 단면이 둥글다. 그래서 '줄기는 원형'이라고 생각하는 사람이 많다. 그런데 줄기의 단면이 삼각형이나 사각형인 식물도 있을까?

A 줄기의 단면은 일반적으로 둥글며 삼각형이나 사각형은 없다

B 삼각형은 없지만 사각형은 있다

C 삼각형은 있지만 사각형은 없다

D 삼각형도 있고, 사각형도 있다

(정답과 해설은 p50)

통나무와 가공한 사각기둥 목재

식물은 왜 어둠 속에서도 위를 향해 자랄까?

정답 **B**   싹에는 중력과 반대 방향으로 자라는
성질이 있어서

    자극을 받은 식물의 운동 방향이 자극의 방향에 따라 달라지는 성질을 '굴성'이라고 한다. 빛이 비치는 방향으로 싹이 휘어져서 자라는 성질이 바로 '굴성'이다. 이때 자극의 대상을 '굴성'이라는 단어 사이에 넣어 표현하므로 만약 자극의 대상이 빛이라면 '굴광성'이 된다.

    따라서 위에서 빛이 비칠 때 싹이 위로 자라는 현상을 보고 '싹은 굴광성이라는 성질이 있어서 위로 자란다'라고 설명해도 틀린 말은 아니다. 하지만 싹은 어둠 속에서도 위를 향해 자란다. 예를 들어 콩나물은 어두운 상자 안에서 키우지만 위로 자란다. 또 땅속에 묻혀있던 씨앗도 발아하면 싹은 어두운 땅속에서 땅 위를 향해 자란다.

    이런 일이 가능한 이유는 싹이 위와 아래를 구분할 수 있기 때문이다. 시험 삼아 발아한 싹을 땅속에서 꺼내 어둠 속에 수평으로 눕혀 놓았다. 그러자 줄기 끝이 점점 위쪽으로 구부러지더니 싹이 위를 향해 자라기 시작했다. 하지만 우주 왕복선이나 국제 우주 정거장 내부처럼 중력이 거의 작용하지 않는 곳에 있는 싹은 위를 향해 자라지 않는다. 따라서 '싹이 위쪽으로 휘어지는 이유는 중력을 느끼기 때문'이다. 중력은 지구가 물체를 끌어당기는 힘이고, 싹은 중력의 반대 방향으로 자라는 성질을 가졌다. 그래서 지구의 중력이 작용하는 반대 방향인 위쪽으로 자란다.

이처럼 싹은 지구의 중력이라는 자극에 반응해서 위를 향해 자란다. 뿌리가 중력 방향으로 자라는 성질은 '굴지성'이라고 하며, 싹이 중력과 반대 방향으로 자라는 성질은 '반굴지성'이라고 한다. 결국 싹은 '굴광성'과 '반굴지성'이라는 두 가지 성질을 모두 가졌다.

다양한 굴성

자극	성질	예	
중력	굴지성	뿌리(정방향), 줄기(역방향)	
빛	굴광성	뿌리(역방향), 줄기(정방향)	
접촉	굴촉성	덩굴손(정방향)	
물	굴수성	뿌리(정방향)	
화학물질	굴화성	꽃가루관(정방향)	(p31 그림 참고)

식물의 뿌리는 왜 어둠 속에서도 아래를 향해 자랄까?

정답 **C**   뿌리에는 중력 방향으로 자라는 성질이 있어서

발아한 싹의 뿌리는 반드시 아래를 향해 자란다. 싹 대신 뿌리가 땅 위로 올라오는 일은 없다. 씨앗에서 뿌리가 나오는 위치는 정해져 있지만, 씨앗을 뿌릴 때 그 위치가 위를 향하든 아래를 향하든 뿌리는 반드시 아래를 향해 자란다.

뿌리에 빛을 피해 반대 방향으로 자라는 성질이 있다는 사실은 이미 널리 알려져 있다. 이 성질은 싹이 빛을 향해서 자라는 성질인 '굴광성'의 반대 개념으로 '반굴광성'이라고 한다. 이 성질 때문에 뿌리는 아래를 향해 자란다. 하지만 어둠 속에서도 뿌리는 아래를 향해 자란다. 따라서 뿌리가 아래로 자라는 이유는 반굴광성 때문만은 아니라는 말이다.

뿌리에는 '중력을 느끼고 그 방향으로 자라려는 성질'도 있다. 발아한 싹을 땅속에서 꺼내 어두운 곳에 수평으로 눕혀 놓으면 뿌리 끝부분이 아래쪽으로 휘어지고 아래를 향해 자라기 시작한다. 이렇게 뿌리가 중력에 반응하는 현상을 '굴지성'이라고 한다. 뿌리가 아래를 향해 자라는 또하나의 이유는 '굴지성' 때문이다.

즉 뿌리는 '반굴광성'과 '굴지성'의 영향을 받아 아래쪽으로 자란다. 그런데 최근에 '뿌리에는 굴수성이라는 성질이 있어서 수분이 있는 쪽을 향해 자란다'라는 주장도 있다. 굴수성 가설을 증명하는 세 가지 근거에 대해 설명하려 한다.

첫 번째 근거는 뿌리가 물이 있는 쪽을 향해 자라는 현상이다. 땅속 배수관 틈에서 물이 새어 나오면, 그 틈을 향해 뿌리가 자라는 현상이 많이 관찰되었다.

두 번째 근거는 애기장대라는 식물 중 중력을 느끼지 못하는 돌연변이를 이용한 실험 결과다. 이 애기장대는 땅속 깊이 있는 물을 흡수하기 위해 아래쪽으로 뿌리를 내렸다.

세 번째 근거는 국제 우주 정거장의 실험 결과다. 중력이 없는 시설 안에서도 애기장대의 씨앗이 싹을 틔웠고 뿌리가 아래를 향해 자랐다. 발아한 싹의 아래에는 물을 머금은 암면이 놓여 있었다. 암면은 암석을 가공해 물을 머금을 수 있도록 만든 것인데, 무중력 상태에서도 뿌리는 이 암면이 머금은 물을 흡수하려고 아래를 향해 자랐다.

국제 우주 정거장에서 실시한 애기장대 재배 실험

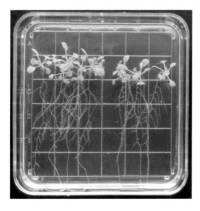

국제 우주 정거장에서는
2010년부터 다양한 실험에
애기장대를 활용하고 있음

사진 : NASA/
안나 리사 폴 박사
(Dr. Anna-Lisa Paul)

줄기의 단면이 삼각형이나 사각형인 식물도 있을까?

정답 D   삼각형도 있고, 사각형도 있다

초등학교와 중학교 과학 교과서에는 줄기의 내부 구조를 보여주는 줄기의 횡단면 그림이 실려있다. 그림 속 줄기의 단면은 원형이다. 또한 사람들은 대부분 지금까지 본 식물의 줄기는 모두 둥글었기 때문에 '모든 식물 줄기의 단면은 원형에 가깝다'라고 생각하기 쉽다. 하지만 줄기의 횡단면이 사각형인 식물도 있다. '우리 주변에는 없는 희귀한 식물'이라고 생각할지도 모르지만, 그렇지 않다.

청자소엽 줄기의 단면

가진 줄기 때문에
잘 구부러지지 않아 곧게 자람

알아차리지 못했을 뿐 우리 주변에도 줄기가 둥글지 않은 식물은 의외로 많다. 예를 들면 생선회 장식에 쓰이는 녹색 잎이 있다. 청자소엽의 잎이며 '오오바'라고도 불린다. 또한 매실장아찌를 담을 때 사용하는 적자소엽의 줄기 단면도 사각형이다. 주변에서 흔히 볼 수 있는 꿀풀과 식물의 줄기는 사각형이다. 이렇게 말하면 '어느 것이 꿀풀과에 속하는 식물인지 모른다'라며 불만을 제기할지도 모르지만 괜찮다. 우리 주변에 있는 꿀풀과 식물은 자소엽과 똑같은 특징을 보이기 때문에 비교적 쉽게 알아볼 수 있다.

'향이 나는 식물'이나 '약초'를 허브라고 부르는데, 자소엽은 향의 성
분과 맛에 약효가 있다고 알려졌기 때문에 허브로 분류한다. 또한 줄기
가 정확히 삼각형인 식물도 있다. 파대가리, 금방동산이, 협죽도가 여기
에 속한다.

줄기가 사각형이나 삼각형인 식물

줄기가 사각형인 식물	
● 라벤더, 로즈마리, 페퍼민트, 스피어민트, 그리고 봄에 꽃이 피는 광대나물, 자주광대나물도 꿀풀과 식물이며 줄기의 단면이 사각형이다.	로즈마리
● 꿀풀과 외에도 줄기 단면이 사각형인 식물이 있다. 갈퀴덩굴과 란타나, 쇠무릎이 여기에 속한다. 이 식물들의 줄기를 잘라 단면을 보면 정확히 사각형이다.	갈퀴덩굴

줄기가 삼각형인 식물	
● 줄기의 단면이 정확히 삼각형인 식물도 있다. 파대가리와 금방동산이, 협죽도가 여기에 속한다.	협죽도

16 식물의 잎은 대부분 녹색이다. 왜 식물의 잎은 녹색으로 보일까?

A 잎이 녹색 빛을 내기 때문에

B 잎에 닿은 빛 중에서 녹색 빛만 잎이 흡수하기 때문에

C 잎에 닿은 빛 중에서 녹색 빛만이 흡수되지 않고 반사되거나 투과되기 때문에

(정답과 해설은 p54)

17 햇빛에는 다양한 색의 빛이 포함되어 있다. 그중 사람의 눈에는 보라색, 남색, 파란색, 녹색, 노란색, 주황색, 빨간색, 이렇게 일곱 가지 색만 보인다. 다만 색 사이의 경계가 뚜렷하지 않아서 더 크게 파란색, 녹색, 빨간색으로 나눌 수도 있다. 그렇다면 광합성에 쓸 수 있는 빛의 색은 파란색, 녹색, 빨간색 중에 무슨 색일까?

A 모든 색의 빛이 똑같이 쓰인다

B 녹색광은 청색광이나 적색광보다 더 많이 쓰인다

C 청색광이나 적색광이 녹색광보다 더 많이 쓰인다

(정답과 해설은 p56)

백색광에 포함된 빛의 색

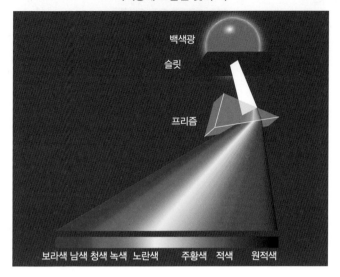

백색광

슬릿

프리즘

보라색 남색 청색 녹색 노란색　　주황색 적색　　원적색

18 잎이 녹색광만 받아도 식물은 광합성을 할 수 있을까?

A 잎이 좋아하는 색이므로 활발한 광합성이 일어난다

B 녹색광은 반사되거나 투과되므로 광합성이 거의 일어나지 않는다

C 녹색광이라도 두꺼운 잎에서는 제법 광합성이 일어난다

(정답과 해설은 p58)

왜 식물의 잎은 녹색으로 보일까?

정답 **C**   잎에 닿은 빛 중에서 녹색 빛만이
흡수되지 않고 반사되거나 투과되기 때문에

만약, 잎이 가진 색이 정말 녹색이라면 어두운 곳에서도 똑같은 색으로 보여야 한다. 하지만 그렇지 않다. 따라서 잎은 스스로 녹색 빛을 내지 않는다.

잎은 빛을 받으면 녹색으로 보인다. 우리가 '백색광'이라고 하는 태양과 전등의 빛에는 다양한 색의 빛이 들어있다. 그중 우리의 눈에 보이는 빛은 무지개에서 볼 수 있는 일곱 가지 색이다. 보라색, 남색, 파란색, 녹색, 노란색, 주황색, 빨간색이다.

이 빛의 색을 다시 크게 분류하면 청색광, 녹색광, 적색광으로 나눌 수 있다. 바꿔 말하면 백색광에는 세 가지 색이 모두 섞여 있다는 의미다. 따라서 '왜 식물의 잎은 녹색으로 보일까?'라는 질문은 '잎은 청색광, 녹색광, 적색광이 포함된 빛을 받는데 왜 녹색으로 보일까?'라는 조금 더 구체적인 질문으로 바꿀 수 있다.

빛의 3원색

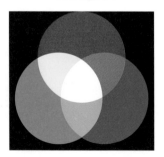

잎은 빛을 받으면 빛의 색을 구분해 청색광과 적색광은 흡수하고 녹색광은 반사하거나 투과시킨다.

그래서 백색광을 받은 잎을 위에서 보면 반사된 녹색광이 눈에 들어와 녹색으로 보이는 것이다. 반면

잎에 흡수된 청색광과 적색광은 눈에 들어오지 않으니 잎이 파란색이나 빨간색으로 보이지 않는다.

그런데 잎은 밑에서 봐도 녹색이다. 어째서일까? 잎에 닿은 녹색광 일부가 반사되지 않고 잎의 내부로 들어가 그대로 투과하기 때문이다. 잎을 통과한 녹색 빛이 눈에 들어와서 잎은 밑에서 봐도 녹색으로 보인다. 반면 잎에 흡수된 파란색과 빨간색 빛은 밑으로 빠져나오지 않는다.

빛을 흡수 또는 반사하는 잎

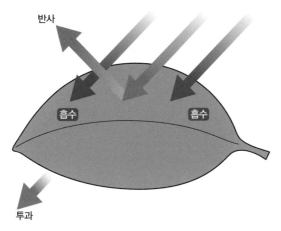

청색광과 적색광은 흡수하고 녹색광은 반사하거나 투과함.
잎에 들어있는 엽록소라는 물질이 이런 현상을 만들어 냄

광합성에 쓸 수 있는 빛의 색은 파란색, 녹색, 빨간색 중에 무슨 색일까?

정답 **C** 청색광이나 적색광이 녹색광보다 더 많이 쓰인다

어떤 색이 광합성에 쓰이는지는 '광합성 작용 스펙트럼'을 보면 알 수 있다. 잎에 여러 가지 색의 빛을 비추고 어떤 빛이 얼마나 광합성을 돕는지를 나타낸 그래프다.

오른쪽의 그래프를 살펴보자. 가로축은 여러 가지 색의 빛을, 세로축은 광합성이 얼마나 일어나는지를 의미한다. 광합성이 일어나는 속도는 광합성으로 흡수한 이산화탄소와 배출하는 산소의 속도로 나타낼 수 있으며, 일반적으로 이산화탄소가 흡수되는 속도를 측정해 광합성의 속도로 세로축에 표시한다.

세로축의 값이 클수록 광합성에 많이 쓰인다는 의미다. 오른쪽 페이지에 있는 광합성 작용 스펙트럼을 보면 청색광과 적색광 부분의 값이 크다. 이는 '청색광과 적색광이 광합성에 주로 쓰이며 녹색광은 효과가 낮다'라는 것을 보여준다.

이런 원리를 이용하는 또 다른 예로 '식물 공장'이 있다. 식물 공장은 이름 그대로 식물을 재배하는 공장이며, 실내에 여러 층의 선반을 두고 그 위에서 식물을 재배한다. 주로 양상추, 잎상추, 무순과 같이 재배기간이 짧은 채소를 재배한다. 그런데 식물 공장 안에도 빛은 필요하다. 그리고 식물이 가장 효율적으로 광합성을 할 수 있는 빛은 마찬가지로 청색광과 적색광이다. 따라서 에너지를 효율적으로 사용하려면 식물 공장에서 사용하는 인공 빛은 파란색이나 빨간색을 많이 포함해야 한다. 그래

서 요즘에는 기존에 사용하던 백열등이나 형광등 대신 발광 다이오드를 사용하는 곳이 늘고 있다.

발광 다이오드의 가장 큰 특징은 빨간색, 파란색, 녹색처럼 특정 빛만 낼 수 있다는 점이다. 따라서 청색광과 적색광만을 식물에 비출 수 있다. 또한 색을 고를 수 있다는 점 외에도 발열량이 적다는 특징이 있다. 따라서 소비 전력을 절약할 수 있고 램프의 수명도 길다는 이점이 있다.

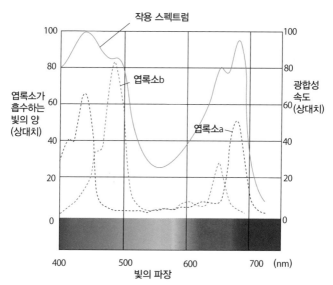

광합성 작용 스펙트럼(실선)과 엽록소가 흡수하는 빛(점선)

엽록소가 흡수하는 빛의 양(점선)을 보면 어떤 색의 빛을 얼만큼을 흡수했는지를 알 수 있음. 세로축의 값이 클수록 엽록소가 잘 흡수한다는 의미

잎이 녹색광만 받아도
식물은 광합성을 할 수 있을까?

정답 **C** —— 녹색광이라도 두꺼운 잎에서는
제법 광합성이 일어난다

'광합성 작용 스펙트럼'을 보면 청색광과 적색광 부분의 수치가 높다. 청색광과 적색광이 광합성에 효과적이라는 의미다. 그런데 녹색광 부분도 청색광이나 적색광 부분만큼은 아니지만 수치가 제법 높다(p57 그래프 참고). 녹색의 빛으로도 광합성이 일어난다는 말이다.

녹색광의 수치가 높은 원인은 잎 내부에서 일어나는 '녹색광의 경유 효과' 때문이다. 잎은 많은 세포로 구성된다. 세포 속에는 엽록체라는 작은 입자가 있고, 이 엽록체 안에는 엽록소가 존재한다. 잎이 빛을 받으면 엽록소는 청색광과 적색광을 바로 흡수한다. 하지만 녹색광은 엽록소에 닿아도 거의 흡수되지 않는다. 다만 전혀 흡수되지 않는 것은 아니고, 아주 소량이지만 흡수되기도 한다.

흡수되지 않은 녹색광은 잎을 구성하는 세포 내부에서 반사되거나 흩어져 버린다. 반사되거나 흩어진 녹색광은 다른 세포로 들어가 다시 엽록소에 소량 흡수되고, 남은 빛은 다시 반사되거나 흩어지면서 잎의 내부를 지나간다.

녹색광이 잎 내부에 들어와서 빠져나갈 때까지 엽록소에 흡수되는 양은 매우 소량이며, 대부분은 세포 내부에서 반사되거나 흩어지는 과정을 반복한다. 녹색광은 마치 잎 내부에서 여기저기를 경유하는 것처럼 왔다 갔다 한다. 그 과정에서 흡수되는 녹색광의 양이 조금씩 늘어나고, 이렇게 모인 녹색광은 광합성에 이용된다.

'경유 효과' 덕분에 녹색광도 제법 많은 양이 흡수된다. 흡수된 녹색광은 적색광이나 청색광과 마찬가지로 광합성에 이용된다. 따라서 잎이 두꺼우면 녹색광도 어느 정도는 광합성에 이용할 수 있다. 하지만 두께가 얇으면 경유 효과가 적어서 녹색광을 흡수하기 어렵다 보니 광합성에 잘 쓰이지 않는다.

녹색광의 경유 효과

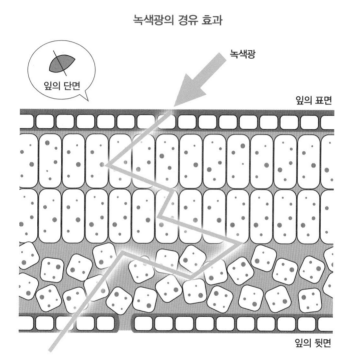

19 여름의 뜨거운 햇빛과 더위는 우리의 몸을 힘들게 한다. 그래서 여름에 '온열 질환'에 걸리기도 한다. 그런데 여름에 자라는 식물도 뜨거운 햇빛과 더위로 고생할까?

A 힘들어하며 겨우겨우 버틴다

B 힘들기는 하지만 그럭저럭 버틴다

C 힘들기도 하지만 이겨내고 생생하게 자란다

(정답과 해설은 p62)

20 옛날에는 대나무나 갈대로 만든 발로 햇빛을 가려 그늘을 만들었다. 요즘은 발을 대신해 '녹색 커튼'을 활용한다. 덩굴을 뻗으며 자라는 식물이 그물이나 기둥을 타고 올라가 녹색 잎으로 창이나 벽을 덮도록 하는 방법이다. 녹색 커튼이 대나무나 갈대로 만든 발보다 시원할까?

A 시원한 정도는 똑같다

B 시원한 정도는 똑같지만, 눈이 편해지는 녹색이므로 더 시원하게 느껴진다

C 녹색 커튼은 그늘만 만드는 것이 아니라, 잎이 냉각 작용을 하기 때문에 대나무나 갈대로 만든 발보다 시원하다

(정답과 해설은 p64)

21 2017년에 일본의 임야청(산림청)이 '일본에서 가장 키가 큰' 나무를 발표했다. 그 길이, 즉 나무의 키가 건물 약 20층 높이에 달했다. 일본에서 가장 키가 큰 나무의 높이는 몇 m일까?

A 약 36m

B 약 62m

C 약 80m

D 약 115m

(정답과 해설은 p66)

여름에 자라는 식물도
뜨거운 햇빛과 더위로 고생할까?

정답 <u>C</u> 힘들기도 하지만 이겨내고 생생하게 자란다

요즘의 여름 무더위는 기세가 대단하다. 낮 최고 기온이 30℃를 웃도는 더위는 기본이고 35℃ 이상의 폭염이 이어지는 날도 많아졌다. 그만큼 뜨거운 햇빛과 더위 때문에 '온열 질환'에 걸리는 사람도 매년 늘어나고 있다. 구급차를 타고 병원으로 실려 오는 환자가 매년 증가하는 추세다. 반려동물은 물론 동물원의 원숭이나 곰의 온열 질환까지 걱정해야하는 상황이다.

그런데 식물은 온열 질환에 걸리지 않을까? 자연에서 자라는 식물도 뜨거운 햇빛과 더위의 영향을 받는다. 이것도 온열 질환에 해당할지는 모르겠지만, 식물의 몸도 무더위 때문에 약해지기는 한다.

다만 여름에 자라는 식물은 우리가 걱정해야 할 만큼 더위로 힘들어하지는 않는다. 어차피 더위를 못 견디는 식물들은 이 책 1번 질문(p14)에서 설명했듯이 여름이 오기 전에 꽃을 피운 뒤, 씨앗을 만들어 더위에 대비한 상태로 시든다. 다시 말해 여름 더위에 약한 식물은 여름이 오기 전에 모습을 감춘다.

한편 무더위 속에서 자라는 식물들은 대부분 원산지가 더운 지방이다. 그들은 원래 더위에 강하다. 따라서 온열 질환을 걱정하기는커녕 오히려 더위를 반가워한다.

그들에게 여름은 더워야 비로소 가치가 있는 계절이다. 여름에는 밭에 가지, 토마토, 오이, 피망, 호박, 수박과 같이 다양한 채소가 잔뜩 열린다. 그들에게 여름은 '결실의 계절'인 셈이다.

여름에 자주 보이는 식물

여름에 재배하는 채소(원산지별)

- 열대 아시아: 오이, 수세미, 여주, 동과, 가지
- 중국 동북부 · 동남아시아: 풋콩
- 아프리카 : 오크라, 수박, 멜로키아
- 중앙아메리카 · 남아메리카: 토마토, 파프리카, 피망, 꽈리고추, 고추, 고구마, 옥수수, 호박, 애호박, 강낭콩

다양한 여름 채소

여름에 꽃이 피는 화초와 나무(원산지별)

- 온대 · 열대 지방: 히비스커스
- 인도: 협죽도
- 중국 남부: 배롱나무
- 동남아시아: 봉선화
- 동아시아 온대 지방: 부용
- 열대 아시아: 나팔꽃, 맨드라미
- 멕시코: 코스모스
- 열대 아메리카: 분꽃

히비스커스

봉선화

녹색 잎으로 창을 덮는 녹색 커튼이
대나무나 갈대로 만든 발보다 시원할까?

정답 **C** 녹색 커튼은 그늘만 만드는 것이 아니라,
잎이 냉각 작용을 하기 때문에
대나무나 갈대로 만든 발보다 시원하다

앞의 질문에서 여름에 무성하게 자라는 식물은 원산지가 더운 지방이라 더위에 강하다고 소개했다. 하지만 제아무리 더운 지방에서 난 식물이라도 여름에 무성하게 자라려면 더위를 이겨낼 방법이 필요하다.

식물은 한낮에 햇빛이 강해지면 광합성에 필요한 빛을 흡수하기 위해 잎을 활짝 펼친다. 이때 강한 햇빛을 직접 받으며 높은 열을 흡수하다 보니 잎의 온도(엽온)가 올라갈 수밖에 없다. 하지만 너무 뜨거워지면 잎도 견디지 못한다.

잎 내부에는 녹말을 만드는 광합성을 하기 위한 많은 효소가 존재한다. 그런데 이 효소들은 온도가 지나치게 높아지면 작용하지 못한다. 그렇게 되면 잎은 광합성을 할 수가 없다. 그래서 잎은 온도가 지나치게 올라가면 더는 올라가지 못하도록 필사적으로 저항한다.

이때 쓰는 방법이 땀 흘리기다. 잎의 표면에 있는 작은 공기구멍인 '기공'을 통해 수분을 증발시킨다. 수분이 증발하면서 열을 빼앗아 가면 잎의 온도가 떨어진다. 사람이 땀을 흘려서 체온을 정상 수준으로 유지하는 것과 같은 원리다.

하지만 잎이 땀을 흘리는 모습은 눈으로 볼 수 없다. 잎이 흘린 땀은 잎의 표면에서 수증기가 되어 증발하기 때문에 보통은 눈에 보이지 않는다. 하지만 보려고 마음먹으면 직접 확인해 볼 수 있다(오른쪽 그림 참고).

'녹색 커튼'이 좋은 이유는 커튼을 구성하는 각각의 녹색 잎이 활발하게 땀을 흘리기 때문이다. 땀을 흘리면서 스스로 온도를 낮추기 때문에 녹색 커튼은 태양열을 받아도 뜨거워지지 않는다.

원래 발로 만들어 사용하던 대나무나 갈대는 살아있는 식물이 아니다 보니 이런 작용은 하지 못한다. 그래서 녹색 커튼이 대나무 발보다 더 시원하다.

여름

잎이 흘리는 땀을 확인하는 실험

햇빛을 받는 식물의 잎에
투명 또는 반투명한 얇은 비닐봉지를 뒤집어씌우고 봉지의 입구를 묶음.
햇빛이 강할 때는 10~15분 안에 봉지 안쪽에 작은 물방울이 생김.
물방울이 잘 보이지 않을 때는 손가락으로 봉지를 살짝 집어 문지르면
눈에 보일 만큼의 큰 물방울이 생겨 있음

일본에서 가장 키가 큰 나무의 높이는 몇 m일까?

정답 **B** 약 62m

요즘 건물은 한 층의 높이가 약 4m에 달하기도 하지만 일반적으로 한 층의 높이는 약 3m다. 따라서 20층 높이라면 약 60m가 된다.

2017년 11월에 일본 임야청이 일본에서 가장 키가 큰 나무를 발표해 화제를 모았다. 주인공은 교토시 사쿄구 하나세 지역의 다이히산 국유림에 있는 '하나세 산본스기'다.

'산본스기(三本杉)'는 세 그루의 삼나무가 한 뿌리로 이어진 형태로 자라는 것을 말한다. 이 나무는 수행자들이 수행 장소로 이용하는 부조지 사철 안에 있으며, 1154년에 심어졌다. 그러니 수령이 약 1천 년에 달하는 것이나 다름없다.

예전에는 이 나무의 키가 '약 35m'로 알려져 있었다. 그런데 임야청 교토·오사카 산림관리사무소가 소형 무인항공기 드론을 이용해 계측한 결과 '기존에 알려진 것보다 두 배 이상 크다'는 사실이 밝혀졌다. 이에 삼림종합연구소 간사이 지부가 레이저 계측기로 정확하게 계측해 그 결과를 발표하게 되었다.

그 결과 세 그루의 나무 중에 동쪽에 있는 나무가 62.3m로 가장 컸고, 북서쪽에 있는 나무는 60.7m, 서쪽에 있는 나무는 57.2m였다.

그전까지 '일본에서 가장 키가 큰 나무'는 아이치현 신시로시의 호라이지산에 있는 '가사스기'라는 삼나무였고, 키가 59.57m였다. 하지만 측정 결과에 따라 그보다 2.73m 더 큰 '산본스기'의 동쪽 나무가 일본에서 가장 키가 큰 나무로 등극했다. 동시에 일본에서 두 번째로 키가 큰 나무도 '산본스기'의 북서쪽에 있는 나무가 되었다.

다만 '가사스기'도 최신 계측기로 다시 측정하면 몇 m가 나올지는 아직 모른다. 어쩌면 다시 1위의 자리에 오를 가능성도 있다. 아니면 이번 발표를 계기로 새로운 계측기를 사용해 측정하다 보면 계속해서 더 큰 나무가 발견될 수도 있다.

22 세계에서 가장 키가 큰 나무는 미국 레드우드 국립 공원에 있는 '세쿼이아'라는 나무로, 키가 건물 30층 높이인 115. 5m에 달한다. 그런데 이렇게 키가 큰 나무의 꼭대기에도 뿌리에서 흡수한 물이 제대로 도달한다. 식물은 뿌리에서 잎까지 어떻게 물을 옮길까?

A 뿌리가 물을 밀어 올린다

B 잎이 물을 끌어당긴다

C 뿌리가 물을 밀어 올리는 동시에 잎이 물을 끌어당긴다

(정답과 해설은 p70)

23 식물을 건조해서 수분을 제거했을 때의 중량을 '건조 중량'이라고 한다. 식물의 건조 중량이 1g 만큼 늘어나려면 물이 얼마나 필요할까?

A 50〜100g

B 200〜300g

C 500〜800g

D 1,000〜2,000g

(정답과 해설은 p72)

24 18세기 스웨덴의 식물학자 린네는 '꽃시계'를 만들려고 했다. 린네의 '꽃시계'는 어떤 시계였을까?

A 꽃으로 장식한 시계

B 시계판 모양의 화단 위에서 긴 바늘과 짧은 바늘이 돌아가는 시계

C 시계판 모양의 화단에서 어떤 위치의 꽃이 피는가를 보고 시간을 판단하는 시계

(정답과 해설은 p74)

세계에서 가장 큰 꽃시계

시즈오카현 이즈시의 도이온천 마쓰바라 해안공원에 있는 직경 31m의 꽃시계. 1992년에 세계에서 가장 큰 꽃시계로 기네스북에 올랐음

식물은 뿌리에서 잎까지
어떻게 물을 옮길까?

정답 C 뿌리가 물을 밀어 올리는 동시에
잎이 물을 끌어당긴다

식물은 뿌리로 흡수한 물을 꼭대기에 있는 싹이나 잎까지 전달해야 한다. 이때 물을 운반하는 힘 중에 뿌리에서 물을 밀어 올리는 '뿌리압'이 있다.

식물의 가지나 줄기를 자르고 잠시 시간이 지나면 잘린 단면에서 약간의 물이 배어 나올 때가 있다. 가지나 줄기를 잘랐을 뿐인데 절단면에서 물이 배어 나오는 이유는 뿌리가 줄기로 물을 밀어내고 있기 때문이다. 이것이 뿌리압이다. 하지만 뿌리압만으로는 키가 큰 식물은 물론, 작은 식물도 꼭대기까지 물을 보낼 수 없다.

그래서 잎은 '증산'이라는 작용을 통해 물을 수증기로 만들어 공기 중에 내보낸다. 증산은 수증기가 된 물이 잎에 있는 작은 기공을 통해 밖으로 나가는 현상을 말한다.

잎에서 증산되는 물은 뿌리에서 줄기로 이어지는 가느다란 '물관'을 통해 이동한다. 물관에는 빈틈없이 물이 꽉 차 있다. 이때 물은 서로를 강한 힘으로 끌어당기는데, 이 힘을 '응집력'이라고 한다.

수세미 줄기의 절단면에서 나온 액체

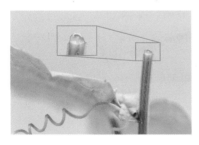

물관 아래쪽은 뿌리와 이어져 있고 위쪽은 잎의 기공과 이어져 있다. 그리고

물관 안에는 물이 빈틈없이 차 있고, 서로 강한 힘으로 끌어당기고 있다. 그래서 물이 증산되어 공기 중으로 나가면 나가는 물이 끌어당기는 힘에 이끌려 아래에 있는 물이 위로 올라온다. 따라서 꼭대기에 있는 잎에서 물이 증산하면 아래에서 물이 빨려 올라오는 것이다.

이러한 원리를 통해 식물은 높은 곳까지 물을 공급할 수 있다. 잎과 줄기, 뿌리가 힘을 모아 식물의 꼭대기까지 물을 보내는 이 원리를 '응집력설'이라고 한다.

응집력설

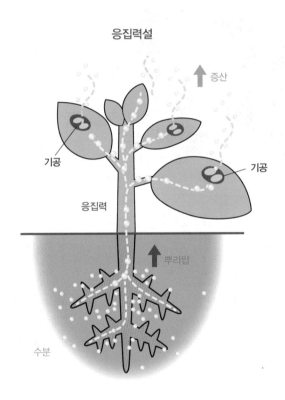

식물의 건조 중량이 1g 만큼 늘어나려면 물이 얼마나 필요할까?

정답 **C**   500~800g

식물이 소비하는 물의 양은 건조 중량이 1g 늘어나는 동안 사용하는 양으로 나타낸다. 이 양을 '요수량'이라고 한다. 일반적으로 식물의 건조 중량 1g을 늘리는데 필요한 물의 양은 500~800g이다. 이때 요수량은 단위를 제외하고 500~800으로 표시한다.

고작 건조 중량 1g을 늘리는데 500~800g의 물을 사용한다는 말은 식물이 자라는 동안 엄청난 양의 물을 사용한다는 것을 의미한다. 이렇게 대량의 물이 필요한 이유는 세 가지로 정리할 수 있다.

첫째는 잎의 온도를 조절하기 위해 물을 증산하기 때문이다. 이 책 20번 질문(p64)에서 언급했듯이 잎에는 기공이라는 구멍이 촘촘히 뚫려있다(오른쪽 페이지 표 참고). 잎은 자신의 온도인 '엽온'을 조절하기 위해 증산을 통해 많은 물을 방출한다. 1g의 물을 증산하면 583cal의 열을 배출할 수 있다. 그래서 식물은 무더위 속에서 잎의 온도를 낮추기 위해 많은 양의 물을 쓸 수밖에 없다.

두 번째는 꼭대기에 있는 잎과 싹에도 물과 양분을 보내야 하기 때문이다. 양분은 보통 물에 녹아 있다. 그러므로 물을 보내면 양분도 같이 보낼 수 있다. 그리고 앞 질문(p70)에서 설명했듯이 식물 꼭대기에 달린 잎이 증산으로 물을 배출하면 줄기 속에 있는 '물관'을 통해 물이 위로 끌어올려진다. 그래서 식물은 많은 양의 물을 증산해야만 한다.

세 번째는 이산화탄소를 흡수하려면 잎의 기공을 열어야 하는데, 기공을 열면 많은 양의 물이 증산되기 때문이다. 기공은 광합성에 필요한 이산화탄소를 흡수하는 구멍이기도 하다. 즉 기공이 열려 있어야 이산화탄소를 흡수할 수 있다. 그래서 물이 증산한다는 것을 알면서도 기공을 열어둘 수밖에 없다.

잎의 앞면과 뒷면의 기공 분포

(1 ㎟ 당 개수)

식물명	앞	뒤	식물명	앞	뒤
강낭콩	40	281	옥수수	67	109
해바라기	101	218	밀	43	40
양배추	141	227	수련	460	0
누에콩	101	216	칸나	0	25
포플러	20	115	금식나무	0	145
베고니아	0	40	떡갈나무종	0	1192
토마토	96	203	사과	0	400
감자	51	161	벚꽃	0	249
자주개자리	169	138	복숭아	0	225

기공 수는 식물의 종류에 따라 다르며
아무리 적어도 1㎟ 안에 수십 개, 많으면 1,000개가 넘기도 함

린네의 '꽃시계'는
어떤 시계였을까?

정답 **C** 시계판 모양의 화단에서 어떤 위치의
꽃이 피는가를 보고 시간을 판단하는 시계

'꽃시계'라는 단어를 국어사전에서 찾아보면 '글자판이나 글자판의 숫자가 있는 곳에 갖가지 화초를 심어서 시각을 알리도록 꾸민, 둥근 시계 모양의 꽃밭(표준국어대사전)'이라고 설명되어 있다. 실제로 공원에서 볼 수 있는 꽃시계도 꽃이 핀 화단 위에서 시곗바늘이 돌아가고 있는 시계다.

하지만 원래 꽃시계는 그런 시시한 것이 아니다. 18세기 스웨덴의 식물학자 칼 폰 린네carl von Linné가 만든 '꽃시계'에는 돌아가는 바늘이 필요하지 않았다.

린네는 각 시각의 위치에 맞춰 시계판이 되는 화단에 해당 시각에 꽃이 피는 식물을 심었다. 그리고 어떤 위치에 있는 꽃이 피는지를 보고 시각을 알 수 있도록 했다. 꽃시계는 식물 대부분이 늘 정해진 시각에 꽃봉오리를 터트리는 성질을 가졌다는 것을 상징한다.

왜 식물들은 같은 시간에 꽃을 피우는 걸까? 여기에는 두 가지의 중요한 의미가 숨어있다.

하나는 꿀벌과 나비가 꽃가루를 묻혀와도 꽃이 피어있지 않으면 꽃가루를 묻힐 수 없기 때문이다. 같은 종의 식물끼리는 같은 시간에 꽃봉오리를 터트려야 수분을 할 수 있다. 이 이치를 깨달은 식물이, 다음 세대에게 생을 물려주기 위해 짜낸 지혜인 셈이다.

또 하나는 종별로 꽃을 피우는 시각을 다르게 해 꿀벌과 나비를 유혹하는 경쟁을 조금이라도 줄이기 위해서다. 모든 종류의 식물이 한 번에 꽃을 피우면 경쟁만 치열해질 뿐이다.

흔히 볼 수 있는 식물로 만든 꽃시계

4~6 시: 나팔꽃	14~15 시: 수련
6~8 시: 히비스커스	15~16 시: 세시화
8~10 시: 부레옥잠	16~18 시: 분꽃
10~12 시: 쇠비름	18~22 시: 달맞이꽃
12~14 시: 펜타페데스	22~24 시: 월하미인

여름

25 꽃이 피는 시간이 정해져 있는 식물은 여러 가지 자극을 통해 시간을 파악한다. 다음 중 식물이 개화 시간을 알 수 있는 자극이 아닌 것은 무엇일까?

A 밝아진다
B 어두워진다
C 온도가 올라간다
D 온도가 내려간다

(정답과 해설은 p78)

26 식물이 자극을 받아 꽃봉오리를 벌릴 때 어떤 현상이 일어날까?

A 꽃봉오리 속에 접혀있던 꽃잎이 펼쳐진다
B 꽃봉오리의 꽃잎 안쪽이 바깥쪽보다 더 많이 자란다
C 꽃봉오리의 기부에서 꽃잎을 묶고 있던 '꽃받침'의 힘이 느슨해진다

(정답과 해설은 p80)

27 자연에서 자라는 식물들은 강한 햇빛과 함께 자외선도 받는다. 식물들은 자외선에 어떻게 대응할까?

A 자외선도 광합성에 사용하므로 더 많이 받으려고 한다

B 자외선은 식물에 해롭지도, 이롭지도 않으므로 아무것도 하지 않는다

C 자외선은 식물에도 해로우므로 이를 막는 대비책을 가지고 있다

산에서 아침 햇살을 받는 '두메완두'

식물이 개화 시간을 알 수 있는 자극이 아닌 것은 무엇일까?

정답 **D** 온도가 내려간다

'꽃봉오리는 자라면서 자연스럽게 벌어진다'라고 생각하기 쉽지만, 단순히 자라기만 한다고 꽃봉오리가 벌어지지는 않는다. 꽃봉오리가 벌어지려면 특정한 자극이 필요하다.

'자연 속에 자극이 어딨어? 그냥 꽃봉오리가 벌어지고 싶을 때 벌어지는 거 아니야?'라고 생각할 수도 있다. 하지만 자연 속에도 자극은 있다. 아침이 오면 날이 밝아지고, 한낮에 태양이 솟으면 기온이 올라갔다가 저녁부터 밤까지는 캄캄해진다. 이렇게 환경은 하루 동안 크게 변하고 꽃봉오리는 이런 변화를 자극으로 느낀다.

서양민들레의 꽃봉오리

자연 속 식물들은 온도나 밝기의 변화를 자극으로 느끼고 꽃봉오리를 벌린다. 이 자극을 세세하게 구별할 수는 없지만, 크게 세 가지로 나눌 수 있다.

하나는 온도의 상승이다. 대표적인 예로 아침이 되고 기온이 올라가면 꽃을 피우는 튤립이 있다. 또 하나는 날이 밝아지는 현상이다. 이 현상은 민들레의 꽃을 보면 알 수 있다. 서양민들레는 밤 온도가 13℃ 이상이었던 날의 아침에만 꽃을 피운다. 밤 온도가 그보다 낮았던 날에는 해가 떠도, 기온이 올라가도 꽃이 피지 않는다.

마지막으로 저녁에 어두워지는 현상이 있다. 나팔꽃과 달맞이꽃, 월하미인의 꽃봉오리는 어두워진 후 시간을 재기 시작해서 일정 시간이 지나면 꽃이 핀다. 예를 들어 나팔꽃은 어두워진 후 10시간이 지나면 꽃이 핀다.

하지만 온도가 떨어지는 것을 자극으로 느껴 개화하는 식물은 아직 알려지지 않았다. 다만 이 자극은 튤립처럼 벌어졌던 꽃봉오리를 저녁에 도로 오므리는 현상에는 영향을 미친다고 알려져 있다.

개화에 필요한 자극과 자극별 식물의 예

① 기온이 올라가면 꽃이 피는 식물	튤립, 쇠비름, 크로커스 등
② 밝아지면 꽃이 피는 식물	민들레, 자주괭이밥 등
③ 어두워진 후 일정 시간이 지나면 꽃이 피는 식물	나팔꽃, 달맞이꽃, 월하미인 등

식물이 자극을 받아 꽃봉오리를 벌릴 때 어떤 현상이 일어날까?

정답 **B** 꽃봉오리의 꽃잎 안쪽이
바깥쪽보다 더 많이 자란다

1953년, 영국의 식물학자 윌리엄 우드William Wood는 튤립을 이용해 '식물이 자극을 받아 꽃봉오리를 벌릴 때 어떤 일이 벌어지는지'를 조사했다.

튤립은 아침에 기온이 올라가면 꽃봉오리를 벌렸다가 저녁에 기온이 떨어지면 다시 오므린다. 그래서 우드는 한 장의 꽃잎을 바깥쪽과 안쪽으로 분리해서 물 위에 띄워 보았다.

물의 온도를 올리자 안쪽 꽃잎은 빠른 속도로 자랐지만, 바깥쪽은 조금밖에 자라지 않았다. 이 실험으로 우드는 '개화란 기온이 올라가면 꽃잎의 안쪽이 바깥쪽보다 더 많이 자라서 꽃잎이 바깥쪽으로 뒤집히는 현상'이라는 사실을 밝혀냈다.

우드의 실험 결과

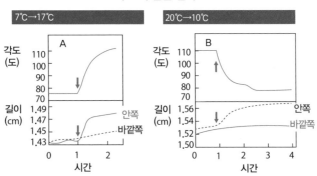

온도를 올리면 꽃잎 안쪽이 자라서 바깥쪽으로 뒤집히는 각도가 커짐.
온도를 내리면 꽃잎 바깥쪽이 자라서 뒤집히는 각도가 줄어듦

반대로 두 꽃잎을 띄운 물의 온도를 내리자 안쪽 꽃잎은 거의 자라지 않았지만 바깥쪽 꽃잎은 빠르게 자랐다. 이 실험을 통해 그는 '기온이 내려가면 꽃잎의 바깥쪽은 자라지만, 안쪽은 거의 자라지 않는다. 꽃잎이 바깥쪽으로 뒤집히지 않아서 꽃봉오리가 닫히는 것이다'라는 원리를 증명했다.

결국 꽃이 필 때는 꽃잎의 안쪽이 더 많이 자라고, 질 때는 바깥쪽이 더 많이 자란다. 그래서 튤립은 아침에 피었다가 저녁에 지는 개폐운동을 반복할 때마다 꽃잎이 자란다. 꽃봉오리가 처음 벌어진 후에 열흘간 개폐운동을 반복하면 꽃잎은 보통 두 배 이상 커진다.

튤립은 온도의 변화를 자극으로 느껴 꽃잎의 개폐운동을 한다. 하지만 다른 요소를 자극으로 느껴 꽃잎의 개폐운동을 하는 식물이라도 '꽃봉오리가 벌어질 때는 꽃잎의 안쪽이 더 많이 자라고, 닫힐 때는 바깥쪽이 더 많이 자란다'라는 이 원리는 마찬가지다.

꽃잎 개폐운동의 원리

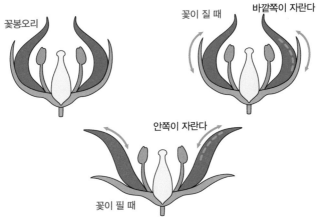

꽃이 필 때는 꽃잎의 안쪽이 더 많이 자라고 꽃이 질 때는 바깥쪽이 더 많이 자람

식물들은 자외선에
어떻게 대응할까?

정답 C 자외선은 식물에도 해로우므로
이를 막는 대비책을 가지고 있다

식물이나 사람의 몸에 자외선이 닿으면 '활성 산소'라는 물질이 발생한다. 활성 산소는 인간의 노화를 촉진하고 여러 질병의 원인이 되며, 식물에도 매우 해로운 물질이다.

그래서 자연 속 식물들은 해로운 자외선을 막는 대비책을 가지고 있다. 이 대비책으로 자외선을 막아 자기 몸을 지킬 뿐만 아니라 꽃 속에서 만들어지는 씨앗도 지킨다.

식물은 활성 산소를 없애는 '항산화물질'을 몸 안에 만들어 둔다. 비타민C와 비타민E, 폴리페놀, 카로티노이드가 대표적인 항산화물질이다.

안토시아닌과 카로티노이드는 꽃잎을 예쁘고 아름답게 만들어 주는 색소이며, 이 색소들 덕분에 꽃잎은 꽃 안에서 생기는 씨앗을 지킬 수 있다. 식물의 꽃이 예쁘고 화려한 색을 가진 이유는 꿀벌과 나비를 유혹하기 위해서이기도 하나, 자외선을 받았을 때 생기는 해로운 '활성 산소'를 없애기 위한 이유도 있다.

그래서 식물이 받는 햇빛이 강할수록 활성 산소를 없애는 색소가 더 많이 필요하고, 색소가 많이 생길수록 꽃은 더 진한 색을 띠게 된다. 고산 식물의 꽃이 더 예쁘고 선명한 색을 띠는 이유는 공기가 맑은 높은 산 위가 그만큼 자외선도 강하기 때문이다.

햇빛이 강하게 쏟아지는 밭이나 화단, 노지에서 자란 식물은 유리 온실에서 자란 식물보다 꽃 색이 선명하다. 이 역시도 같은 원리라고 할 수 있다.

대표적인 항산화물질별 채소와 과일

항산화물질			함유량이 높은 채소와 과일
비타민C			브로콜리, 토마토, 방울양배추, 레몬, 키위, 딸기, 감, 귤
비타민 E			땅콩, 호박, 시금치, 아몬드
폴리페놀	플라보노이드	퀘르세틴	양파, 아스파라거스
		루틴	대두, 메밀
		루테올린	자소엽, 박하, 셀러리
	안토시아닌		적포도주, 가지, 검은콩
	카테킨		녹차, 적포도주
	리그난	세사미놀	참깨
카로티 노이드 화합물	베타카로틴		당근, 호박, 시금치, 쑥갓
	리코펜		토마토, 수박
	루테인		옥수수, 시금치
	푸코잔틴		미역, 톳, 다시마
	캡산틴		고추
	아스타잔틴		헤마토코쿠스(미세조류)

여름

28 모든 동물은 식물을 먹고 산다. 육식 동물도 그들이 먹는 고기의 근원을 거슬러 올라가면 결국 식물에 다다른다. 동물의 먹이가 되는 것이 식물의 숙명인 셈이다. 식물은 동물에게 먹힐 수밖에 없는 숙명에 어떻게 대처하고 있을까?

A 중요한 부분은 절대 먹히지 않도록 방어한다
B 어느 정도 먹혀도 상관없도록 대비하고 있다
C 다 먹혀도 상관없도록 대비하고 있다

목초지의 젖소

어른 젖소는 보통 하루에 50~70㎏의 목초를 섭취함

29 인간의 3대 영양소는 녹말로 대표되는 탄수화물과 단백질, 지방이다. 이 영양소는 식물이 살아가는 데도 필요하다. 그렇다면 식충식물은 주로 어떤 영양소를 얻기 위해 벌레를 먹는 걸까?

A 탄수화물
B 단백질
C 지방
D 3대 영양소 전부

(정답과 해설은 p88)

30 식물의 특징 중 하나는 광합성을 통해 스스로 양분을 만든다는 것이다. 그런데 광합성을 하지 않는 식물도 있을까?

A 있을 리가 없다
B 아직 발견하지 못했지만 존재할 가능성은 있다
C 드물기는 하지만 그런 식물도 있다

(정답과 해설은 p90)

식물은 동물에게 먹힐 수밖에 없는
숙명에 어떻게 대처하고 있을까?

정답 **B** 어느 정도 먹혀도 상관없도록 대비하고 있다

식물은 가시나 유독물질로 자신의 몸을 보호한다. 하지만 식물이 '절대 먹히지 않겠다'라는 의지로 철저히 방어하며, 동물의 먹이가 되는 것을 거부하면 인간을 포함해 지구상의 모든 동물은 멸종할 수밖에 없다.

그런 일은 식물도 원치 않는다. 꿀벌이나 나비와 같은 곤충은 꽃가루를 옮겨주고, 동물은 열매를 먹어 씨앗을 퍼트려 주거나 삼킨 씨앗을 어딘가에 배설해서 옮겨준다. 이렇듯 식물은 동물과 공존해야만 스스로 움직이지 않고 새로운 서식지를 찾을 수 있다. 하지만 그렇다고 하나도 남김없이 다 먹혀버릴 수는 없다. 그래서 가시와 유독물질, 동물이 싫어하는 맛과 향기를 이용해 먹이가 되지 않도록 자기 몸을 지킨다.

또한 정답에서 언급한 대로 '어느 정도 먹혀도 상관없도록' 한 대비책도 자연스럽게 자기 몸에 마련해 두었다. 바로 '끝눈'과 '곁눈'이다.

끝눈은 줄기 끝에 있는 싹을 말한다. 그리고 싹은 줄기 끝부분만이 아니라 모든 잎과 줄기의 연결부에도 있다. 그 싹을 곁눈(또는 겨드랑이눈)이라고 한다. 그런데 이 두 종류의 싹에는 끝눈만 자라고 곁눈은 자라지 않는 '끝눈 우성'이라는 성질이 있다.

끝눈을 포함해 식물 위쪽의 부드러운 부분이 동물에게 먹히면 그 아래에 있는 곁눈이 가장 위쪽 눈, 즉 끝눈이 된다. 그리고 이때부터 그 싹이 끝눈 우성 성질에 따라 자라기 시작해 동물에게 먹히기 전의 원래 상태로 돌아온다. 다시 말해 동물이 줄기의 끝부분을 먹는다 해도, 그 아래에

곁눈들만 있다면 그중 가장 위쪽에 있던 곁눈이 다시 끝눈이 되어 자라기 때문에 식물은 아무 일도 없었다는 듯이 먹히기 전의 모습으로 돌아갈 수 있다.

이것이 '끝눈 우성' 성질이 가진 힘이다. 이 성질은 가지가 부러지거나 잘렸을 때도 똑같이 작용한다.

끝눈 우성

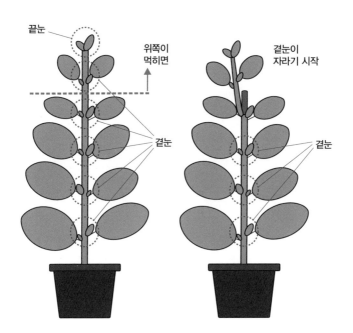

끝눈에서 만들어진 생장 호르몬 '옥신'이
줄기를 통해 아래로 이동해 곁눈이 자라지 못하게 만듦.
따라서 끝눈이 잘려나가면 옥신의 영향을 받지 않는 곁눈이 자라기 시작함.
그래서 이때 잘린 부분으로 옥신을 주입하면 곁눈이 자라지 않음

식충식물은 주로 어떤 영양소를 얻기 위해 벌레를 먹는 걸까?

정답 **B** 단백질

가장 널리 알려진 식충식물로는 벌레가 잎에 앉으면 재빠르게 잎을 닫아 사냥하는 파리지옥이 있다. 다만 파리지옥은 곤충을 먹어 영양분을 얻지만, 여느 식물처럼 광합성도 한다.

'식충식물은 곤충을 먹어 영양분을 얻으므로 광합성을 하지 않는다'라고 생각하기 쉽지만, 파리지옥뿐만이 아니라 다른 식충식물도 광합성을 한다. 다시 말해 생존에 필요한 녹말을 스스로 만들 수 있고, 그 녹말을 이용해 지방도 만들 수 있다.

식충식물이 벌레를 통해 얻고자 하는 영양분은 단백질과 같은 질소 화합물이다. 질소 화합물은 식물만 아니라 인간을 포함한 모든 동물의 생존에 꼭 필요한 물질이다. 그래서 식충식물은 벌레를 통해 질소 화합물을 흡수하는 방법을 터득한 것이다. 하지만 식충식물이 유별난 것은 아니다. 인간도 소나 돼지, 생선을 먹어 질소를 함유한 영양분을 얻는다. 그들의 고기를 소화해 질소를 함유한 영양분을 흡수한다.

반면 식물들은 일반적으로 질소를 함유한 양분을 땅에서 흡수한다. 그래서 우리는 식물을 재배할 때 땅에 부족한 성분인 질소와 인산, 칼륨과 같은 양분을 '3대 비료'라 부르며 땅에 뿌린다. 그중에서도 가장 필요한 물질이 질소이며, 많은 식물이 땅에서 질소를 흡수해 양분으로 이용한다.

그렇다면 파리지옥은 질소를 함유한 양분을 왜 뿌리를 통해 흡수하지 않을까? 그럴 수 있었다면 좋았겠지만, 안타깝게도 파리지옥의 원산지는 질소 화합물이 거의 없는 북아메리카의 척박한 땅이었다. 그래서 땅에서는 충분한 질소를 얻을 수 없었다.

그런 사정으로 '곤충의 몸에서 질소 화합물을 뽑아내는 능력'을 터득한 것이다. 그런데 파리지옥은 왜 그런 방법을 쓰면서까지 비옥하지 않은 메마른 땅에서 살아야 했을까?

일반적으로 식물은 양분이 부족한 땅에서는 자라지 않는다. 달리 말하면 '곤충을 먹어서 질소를 함유한 영양분을 얻을 수 있으면' 다른 식물들과 서식지를 두고 다투지 않고도 그 땅에서 살 수 있다는 말이다.

식충식물의 네 가지 종류

소화액이 들어있는 통 형태의 잎 안으로
벌레를 빠트리는 통형 포충낭식.
사진은 벌레잡이통풀

잎에 묻어있는 점액으로
벌레를 잡는 끈끈이식.
사진은 끈끈이주걱

잎을 닫아서 벌레를 가두는 포획식.
사진은 파리지옥

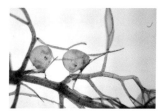

주머니로 된 부분으로 벌레를
빨아들이는 주머니형 포충낭식.
사진은 들통발

사진: MichalRubeš

광합성을 하지 않는
식물도 있을까?

정답 **C**   드물기는 하지만 그런 식물도 있다

식물은 대부분 뿌리를 통해 물을, 잎을 통해 공기 중의 이산화탄소를 흡수한다. 또한 햇빛의 에너지를 이용해 생명 유지와 성장에 필요한 양분을 만든다. 이 작용을 '광합성'이라고 한다. 앞 질문에서 설명했듯 곤충을 먹으며 영양분을 얻는 식충식물도 광합성은 필수다.

하지만 광합성을 하지 않는 식물도 있다. 이런 식물에는 두 가지 유형이 있으며, 그중 하나가 모든 영양분을 다른 식물에서 얻어 살아가는 완전 기생식물이다. 라플라시아와 새삼이 여기에 속한다.

또 하나는 생물의 사체나 배설물 또는 분해물을 직접 섭취하지 못해서 영양분을 대신 섭취할 수 있는 균류를 뿌리에 가지고 있는 식물이다.

예전에는 이런 식물을 땅속에 있는 생물의 사체나 배설물, 분해물을 양분으로 삼아 자란다고 생각해 '부생식물'이라고도 했다. 하지만 요즘에는 '균류에 의존해서 사는 식물'이라는 의미에서 '균종속영양식물'이라고 부른다.

나도수정초, 으름난초, 영주풀이 여기에 속한다. 이 식물들은 광합성을 하지 않으므로 땅 위에서 자

라플라시아

랄 필요가 없다. 그래서 꽃을 피우고 열매를 맺는 짧은 기간에만 땅 위로 모습을 드러낸다.

　그런데 광합성을 하지 않는 균종속영양식물을 왜 식물로 분류할까? 광합성은 하지 않지만, 완전 기생식물이나 균종속영양식물도 꽃을 피우고 씨앗을 만들기 때문이다. 따라서 식물로 분류한다.

나도수정초

나도수정초는 땅속에서 살며 나무뿌리나 공생하는 균류를 통해 영양분을 얻음. 봄에서 여름 사이에 꽃이 땅 위로 올라오기는 하지만, 광합성을 하지 않는 나도수정초는 녹색의 엽록소가 없어 전체적으로 희고 투명한 모습을 함. 그 모습이 유령처럼 생긴 버섯 같다고 해서 '유령 버섯'이라고도 불리며, 은빛 용에 빗대어 '은룡초'라고도 함

으름난초

으름난초는 버섯의 균사로 영양분을 섭취함. 땅 위에는 잎이 없으며 초여름에 땅 위로 50㎝쯤 자라 꽃이 피고, 가을에는 빨간 열매를 맺음. 열매의 색이나 모습이 으름의 열매와 닮아서 으름난초란 이름이 붙여짐

31 맑은 날 낮에 눈부신 햇살이 쏟아지면 우리는 '식물이 광합성을 마음껏 하겠구나'라고 생각한다. 과연 식물은 한낮의 쏟아지는 강렬한 햇빛을 다 소화할 수 있을까?

A 충분히 소화할 수 있으며 잎은 더 강한 햇빛을 원한다
B 잎이 알맞게 소화할 수 있을 정도다
C 너무 강해서 잎이 다 소화하지 못한다

(정답과 해설은 p94)

32 겨울에는 따뜻한 비닐하우스 안에서 채소를 재배한다. 그런데 여름에도 비닐하우스에서 재배하는 채소가 있다. 더운 여름에 왜 채소를 비닐하우스에서 재배하는 걸까?

A 온도를 높게 유지할 수 있어서
B 습도를 높게 유지할 수 있어서
C 여름에 쏟아지는 강렬한 햇빛과 밭이나 열매에 떨어지는 비를 피하려고

(정답과 해설은 p96)

33 접붙이기는 두 그루의 나무를 한 그루로 이어 붙이는 기술이
다. 보통 대목이 되는 식물의 줄기나 가지에 틈을 만들고, 접
순이라 부르는 다른 나무의 줄기나 가지를 그 틈에 집어넣는
다. 그렇다면 접붙이기한 나무의 대목이 접순으로 전달하지
못하는 것은 무엇일까?

A 대목이 만든 물질
B 대목이 가진 유전자
C 대목의 뿌리가 흡수한 양분

(정답과 해설은 p98)

접붙이기한 밤나무

사진의 아래쪽이 대목,
위쪽이 접순

식물은 한낮의 쏟아지는 강렬한 햇빛을 다 소화할 수 있을까?

정답 **C**   너무 강해서 잎이 다 소화하지 못한다

'광-광합성 곡선'은 빛의 세기에 따라서 광합성의 속도가 어떻게 변하는지를 보여준다. 20℃나 25℃에서 공기 중 이산화탄소의 농도를 일정하게 유지하며 빛의 세기를 변화시켰을 때 광합성의 속도를 조사한 것이다.

광합성의 속도는 이산화탄소가 흡수되는 속도로 나타낸다. 그런데 식물은 빛이 전혀 없는 어둠 속에서는 광합성을 하지 않고 호흡만 한다. 따라서 이때는 이산화탄소를 흡수하지 않고 호흡을 통해 방출하기만 한다.

그러다 식물이 받는 빛의 세기가 점점 커지면 이산화탄소가 방출되는 양이 줄어들다가, 일정 강도에 도달하면 방출이 멈춘다. 이때는 호흡으로 방출하는 이산화탄소의 양과 광합성을 위해 흡수하는 이산화탄소의 양이 같다. 그래서 겉으로는 이산화탄소가 드나들지 않는 것처럼 보인다. 이때 빛의 세기를 '광보상점光補償点'이라고 한다.

여기서 빛의 세기를 더 늘리면 광합성 속도가 증가하다가 어느 점에 도달하면 광합성량이 늘어나지 않는다. 이때 빛의 세기를 '광포화점光飽和点'이라고 하며, 이는 식물이 광합성에 필요로 하는 빛의 최대 강도다.

그보다 강한 빛은 받아도 어차피 다 사용하지 못한다. 빛의 세기는 lx(룩스)라는 단위로 표기하며, 일반적으로 식물의 '광포화점'은 2.5~3만lx 정도다.

그렇다면 한낮의 햇빛은 얼마나 될까? 맑은 날 낮에 쏟아지는 햇빛의 세기는 대략 10만 lx 정도다. 즉 식물의 잎은 고작 3분의 1만 소화할 뿐이다. 그래서 너무 강한 햇빛이 쏟아지면 기뻐하기는커녕 힘들기만 하다.

광–광합성 곡선

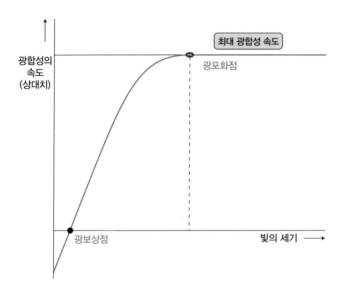

맑은 날 낮의 눈부시게 쏟아지는 햇빛의 세기는 약 10만lx 정도.
그에 반해 식물이 최대로 소화할 수 있는 빛의 세기인 '광포화점'은 2.5~3만lx

더운 여름에 왜 채소를
비닐하우스에서 재배하는 걸까?

정답 **C** 여름에 쏟아지는 강렬한 햇빛과
밭이나 열매에 떨어지는 비를 피하려고

겨울부터 봄까지 비닐하우스에서 채소를 키우는 모습은 우리 눈에 익숙한 풍경이다. 그래서인지 더운 여름에 토마토나 방울토마토를 비닐하우스에서 키우는 모습을 보아도 별로 이상하게 생각하지 않는다. 그저 '토마토나 방울토마토는 더워야 잘 자라기 때문에 비닐하우스에서 키우는 모양이다'라며 대수롭지 않게 넘긴다.

더운 지방이 원산지인 토마토는 확실히 더워야 잘 자라기는 한다. 그래서 여름에는 노지에서 키워도 잘 자라서 열매가 주렁주렁 열린다. 온도가 문제라면 더운 여름에는 토마토나 방울토마토를 군이 비닐하우스에서 키우지 않아도 된다. 또한 여름에는 바람이 잘 통하도록 비닐하우스의 문을 열어두거나 옆쪽 비닐을 걷어 올려두기도 하니 습도를 높게 유지하기 위해서도 아니다.

더운 여름에 군이 비닐하우스에서 채소를 키우는 이유 중 하나는 앞질문에서 설명했듯이 햇빛이 너무 강하기 때문이다. 비닐하우스는 이 빛을 차단하는 효과가 있다.

또 한 가지 중요한 이유는 '열매 터짐' 현상을 막기 위해서다. 텃밭에서 토마토를 키우면 열매가 붉게 익은 다음에 껍질이 갈라질 때가 있다. 이 현상을 '열매 터짐' 또는 '열과'라고 부른다.

열매가 커지기 시작하면 열매를 감싸고 있던 얇은 껍질과 살도 함께 커진다. 그러다 일정 크기에 도달하면 열매껍질과 열매살은 성장을 멈추고 붉게 익어간다. 그런데, 뿌리가 물을 너무 많이 흡수하면 그 수분으로 인해 열매살은 다시 성장을 시작한다. 열매껍질은 이미 성장을 멈추었는데, 열매살이 계속 자라면 껍질에 균열이 생길 수밖에 없다.

이 현상을 막으려면 열매가 다 자란 뒤에는 뿌리가 물을 너무 많이 흡수하지 못하도록 해야 한다. 기분 내키는 대로 물을 줘도 안 되고, 비가 많이 내렸을 때도 뿌리가 물을 너무 많이 흡수하지 않도록 해야 한다. 비닐하우스 안에서 키우면 비가 내렸을 때 뿌리의 물 흡수량을 조절할 수 있다. 즉 식물을 비닐하우스에서 키우는 이유는 흡수하는 물의 양을 관리하기 위해서다.

또한 다 익은 과일이 직접 비를 맞았을 때도 열매 터짐 현상이 발생한다. 비닐하우스 안에서 키우면 여름에 갑자기 소나기가 내리거나 많은 양의 비가 내려도 열매가 직접 물을 흡수하지 못하도록 막을 수 있다.

토마토의 열매 터짐 (오른쪽 점은 벌레가 먹은 흔적)

접붙이기한 나무의 대목이
접순으로 전달하지 못하는 것은 무엇일까?

정답 B 대목이 가진 유전자

접순은 대목이 만드는 물질과 대목이 가진 성질의 영향을 받는다. 하지만 대목의 유전자가 접순으로 이동하는 일은 없다.

대목이 된 식물이 만든 물질은 유착 부분을 통해 위쪽 식물로 이동한다. 이 현상은 잎을 몇 장 남긴 나팔꽃을 대목으로 삼고 고구마 모종을 접붙이기한 실험을 보면 쉽게 이해할 수 있다.

고구마는 온도가 높고 밤의 길이가 길 때 꽃봉오리를 맺는 식물이다. 그런데 일본 혼슈에서는 고구마가 꽃봉오리를 맺을 만큼 밤의 길이가 길어지면 기온이 떨어진다.

고구마는 기온이 떨어지면 꽃봉오리를 맺지 않기 때문에 혼슈에서는 고구마꽃을 거의 볼 수 없다. 하지만 혼슈에서도 고구마꽃을 피우는 방법이 있다.

고구마와 똑같은 메꽃과인 나팔꽃에 고구마 모종을 접붙이기하면 된다. 나팔꽃은 밤의 길이만 길면 꽃봉오리를 만든다. 그래서 나팔꽃의 잎이 밤이 길어졌다고 느끼면 접붙이기한 고구마에도 꽃봉오리가 생기고 꽃이 핀다. 이 현상은 밤 길이가 길어졌다고 느낀 나팔꽃의 잎에서 꽃봉오리를 맺어 꽃을 피우게 하는 물질이 만들어지고, 이 물질이 접붙이기한 고구마로 이동해 꽃봉오리를 맺고 꽃을 피우게 한다는 것을 의미한다.

또한 접붙이기한 식물이 대목의 뿌리에서 흡수한 양분의 영향을 받는 현상은 오이 생산에서 활용한다. 예전에는 오이 표현에 '과분Bloom'이라는 흰 가루가 생겼다. 이 가루는 열매가 스스로 만들어 내는 물질로, 빗물이나 병원균을 통한 감염을 막고, 열매의 수분 증발을 막아 맛과 신선도를 유지해주는 중요한 역할을 한다.

하지만 사람들은 이 흰 가루를 곰팡이나 농약으로 오해해서 못마땅하게 생각했다. 이런 소문 때문에 지금의 오이는 과분이 생기지 않는 '무과분Bloomless' 품종이 대부분이다. 이 '무과분 오이'는 상당히 교묘한 방법으로 만들어진다.

오이는 질병과 연작에 강한 호박에 접붙이기하는 경우가 많다. 오이에 생기는 과분의 주요 성분은 토양에서 흡수한 규산이라는 물질이고, 이 규산의 흡수를 막으면 과분은 생기지 않는다. 그래서 접붙이기할 때 규산을 흡수하지 않는 호박을 대목으로 사용한다. 그러면 접붙이기한 오이에는 규산이 거의 전달되지 않아서 무과분 오이가 만들어진다.

과분이 생긴 오이

요즘은 과분이 있는 오이가 식감이 좋다고 재평가되어 '과분 오이'로 따로 팔리기도 함

34 여름에는 잎이 광합성에 필요한 햇빛을 충분히 받는다. 무더위 속에서 부지런히 광합성을 하다 보면 이산화탄소가 부족하지 않을까?

A 부족하다

B 적당하다

C 넘칠 정도로 많다

(정답과 해설은 p102)

35 식물은 이산화탄소를 광합성의 재료로 사용한다. 그래서 '이산화탄소를 흡수한다', '이산화탄소를 빨아들인다'라고 표현하기도 한다. 그런데 식물은 어떻게 이산화탄소를 흡수할까?

A 사람과 마찬가지로 공기를 들이마신다

B 이산화탄소가 알아서 흘러 들어가므로 일부러 흡수하려 애쓰지 않는다

C 식물이 호흡할 때 내뿜는 이산화탄소를 사용하므로 공기 중에서 빨아들이지 않는다

(정답과 해설은 p104)

36 식물이 광합성을 하려면 이산화탄소가 필요하다. 광합성을 하는 식물은 언제 이산화탄소를 흡수할까?

A 광합성을 하는 낮에만 흡수한다
B 식물 대부분이 낮에만 흡수하지만, 밤에 흡수하는 식물도 있다
C 모든 식물이 낮에도, 밤에도 흡수한다

광합성의 원리

잎은 뿌리에서 흡수한 물과 공기 중의 이산화탄소를 재료로, 태양빛을 이용해 포 도당과 녹말을 만듦. 이것을 '광합성'이라 부름

광합성을 하다 보면
이산화탄소가 부족하지 않을까?

정답 **A** 부족하다

식물은 뿌리가 흡수한 물, 잎이 흡수한 공기 중의 이산화탄소를 재료로 태양 빛을 활용해 광합성을 한다. 그래서 광합성의 재료인 이산화탄소는 되도록 많이 필요하다.

하지만 일반적으로 이산화탄소는 공기 중에 포함되어 있고, 공기는 얼마든지 있으니 이산화탄소가 부족할 리 없다고 생각한다. 게다가 최근에는 대기 중 이산화탄소 농도가 점점 상승하고 있지 않은가.

대기 중 이산화탄소의 농도는 1958년 하와이에 있는 마우나로아 관측소에서 측정하기 시작했다. 측정 초기에는 0.0315%였지만 2013년 5월에는 처음으로 일 평균 0.04%를 넘었다. 당시에 이 일이 신문에 크게 보도되었고, 그 이후 0.041%로 상승한 측정치가 또 보도되었다.

이런 이야기까지 들으면 더욱 '식물이 쓸 이산화탄소가 부족할 일은 없겠다'라고 생각하겠지만, 사실은 그렇지 않다.

이 책 31번 질문(p94)에서 '한낮의 쏟아지는 햇빛은 너무 강해서 잎이 다 소화하지 못한다'라고 한 이유는 '광합성의 재료인 이산화탄소가 부족하기 때문'이다.

그리고 원인은 공기 중 이산화탄소의 농도가 낮아서다. 공기 중에는 질소가 약 78%, 산소가 약 21%를 차지하고 있으며, 세 번째로 많은 기체인 아르곤이 약 1%를 차지한다. 하지만 이산화탄소는 고작 약 0.04%에 불과하다.

'농도가 낮아도 공기는 얼마든지 있으니 부족할 리가 없다'라고 생각할 수도 있다. 일리 있는 말이다. 하지만 다음 질문에서 설명하는 이산화탄소의 흡수 방법을 이해하면 생각이 달라질 것이다.

대기의 구성

성분	체적 비율(%)
질소	78.1
산소	20.9
아르곤	0.934
이산화탄소	0.039
네온	0.00182
헬륨	0.000524

대기 중 이산화탄소의 증가 곡선

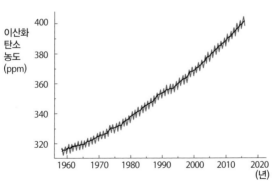

하와이에 있는 마우나로아 관측소가 측정한 이산화탄소 농도의 추이.
1ppm은 0.0001%. 2019년 3월 22일에 미국 해양대기청(NOAA)이
발표한 자료를 바탕으로 작성함

식물은 어떻게
이산화탄소를 흡수할까?

정답 **B** 이산화탄소가 알아서 흘러 들어가므로
일부러 흡수하려 애쓰지 않는다

기체에는 '농도가 다른 기체와 만나면 같은 농도가 되려는 성질'이 있다. 즉 농도가 높은 기체가 농도가 낮은 기체 쪽으로 이동한다.

공기 중 이산화탄소의 농도는 약 0.04%(400ppm)이며, 잎에 난 작은 구멍인 기공을 통해 잎 속에 있는 이산화탄소와 만난다. 광합성에 쓰이는 잎 속 이산화탄소의 농도는 그보다 낮은 0.01% 정도다. 따라서 0.03%의 농도 차이가 공기 중 이산화탄소를 잎 속으로 빨려 들어가게 만든다(오른쪽 페이지 그림 참고).

만약 공기 중 이산화탄소의 농도가 1%라면 1%와 0.01%라는 큰 차이를 이용해서 더 많은 이산화탄소가 잎 속으로 흘러 들어갈 것이다. 따라서 공기 중 이산화탄소의 농도가 낮을수록 잎 속으로 흘러 들어가는 양은 적어지고, 광합성에 사용할 이산화탄소가 부족해진다. 앞 질문에서 나온 '식물이 쓸 이산화탄소가 부족하다'라는 말의 정확한 의미는 '이산화탄소가 잎 내부로 들어가지 않아서 광합성의 재료로 쓸 양이 부족하다'라는 뜻이다.

그래서 식물의 광합성만 생각하면 대기 중 이산화탄소 농도의 상승은 환영할 만한 일인지도 모른다. 하지만 대기 중 이산화탄소의 농도가 상승하면 온난화가 발생한다는 문제가 있다. 온난화가 발생하면 기후가 변하고, 기후가 변하면 내리는 비의 양의 달라진다.

어떤 지역은 지금보다 비가 더 많이 내리게 될 것이고, 어떤 지역은 더 적게 내리게 될 것이다. 강수량이 변하면 오랫동안 그 지역의 기후에 순응하며 살아온 식물들이 잘 자랄 수가 없다.

벼나 채소, 과일과 같이 사람이 재배하던 식물들은 더 심각한 상황에 내몰린다. 그 지역 기후에 맞춰서 품종을 개량하고 겨우 재배 노하우도 생겼는데, 강수량이 변하면 품종의 특성이나 재배 노하우를 제대로 살릴 수가 없다. 결국 식물들이 잘 자라지 못하고 수확량은 크게 줄어든다. 따라서 대기 중 이산화탄소 농도의 상승은 심각하게 고민해야 할 문제다.

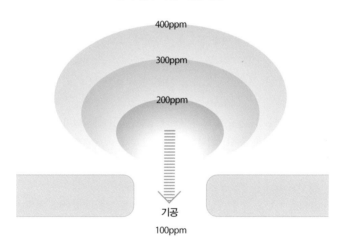

잎이 흡수하는 이산화탄소

광합성을 하는 식물은
언제 이산화탄소를 흡수할까?

정답 B ─── 식물 대부분이 낮에만 흡수하지만,
밤에 흡수하는 식물도 있다

광합성을 하려면 이산화탄소가 필요하다. 그래서 식물은 광합성을 할 수 있는 빛이 있을 때 더 많은 이산화탄소를 흡수해야 한다. 그러려면 식물은 기공을 가능한 크게 열어야 한다.

하지만 기공을 크게 열면 많은 물이 증발해서 몸 안에 수분을 잃게 된다. 그렇다고 기공을 닫아 물의 증발을 막으면 아무리 햇빛을 듬뿍 받아도 이산화탄소를 흡수하지 못해 광합성을 할 수 없다.

그래서 식물은 늘 고민한다. 특히 기공을 열면 대량의 물이 증발하는 건조한 지역의 식물일수록 더 심각하게 고민한다. 그래서인지 그런 식물 중에 '햇빛이 강한 낮에는 기공을 닫아 물의 증발을 막고, 햇빛이 없는 서늘한 밤에 기공을 열어서 이산화탄소를 흡수'하는 기술을 터득한 식물들이 나타났다.

그들은 어두운 밤에 이산화탄소를 흡수해 몸 안에 저장한다. 밤에는 빛이 없으니, 흡수한 이산화탄소를 바로 광합성에 쓸 수 없다. 그래서 일단 저장해 두는 것이다.

아침이 되어 밝은 햇빛이 비치기 시작하면 그 식물들은 저장해 둔 이산화탄소를 꺼낸다. 그리고 햇빛의 에너지를 이용해 모아둔 재료로 광합성을 시작한다.

이런 성질을 지닌 식물을 '캠CAM 식물'이라고 한다. 대표적인 캠 식물에는 꿩의비름이 있으며, CAM이라는 이름은 '돌나물형 유기산 대사'를 의미하는 'Crassulacean Acid Metabolism'의 머리글자를 따서 만들어졌다.

현재 알려진 캠 식물로는 돌나물과의 꿩의비름, 만손초, 선인장과의 선인장, 아나나스과의 파인애플, 아나나스, 크산트로이아과의 알로에(과거에는 백합과)와 같이 건조한 기후에 강한 다육식물이 있다.

만손초

캠 식물 중 하나로, 잎에서 싹이 돋아남

가을

37 여름이 지나가고 가을이 오면 많은 화초가 꽃을 피운다. 이 화초들은 잎이 받는 자극을 신호로 가을이 왔다는 것을 느낀다. 가을에 꽃이 피는 화초는 어떤 자극을 통해 가을이 왔다는 신호를 받을까?

A 여름이 지나고 떨어진 기온

B 점점 짧아지는 낮의 길이

C 점점 길어지는 밤의 길이

(정답과 해설은 p110)

38 가을에 꽃이 피는 화초의 잎은 앞 질문에서 설명한 자극을 통해 꽃피울 시기를 판단한다. 하지만 꽃봉오리는 꽃눈에서 만들어진다. 그렇다면 자극을 받은 잎이 이 사실을 꽃눈에 전달해야만 한다. 잎은 꽃봉오리를 만들라는 신호를 어떻게 꽃눈에 전달할까?

A 잎이 특정 물질을 만들어서 꽃눈으로 보낸다
B 잎 안에 특정 물질이 줄어들어서 꽃눈이 그 물질을 보내 준다
C 잎이 꽃눈으로 특정 전기 신호를 보낸다

(정답과 해설은 p112)

39 당신이 화초에게 다정하게 말을 걸고 힘을 북돋아 주면서 키웠다고 가정하자. 말을 걸지 않고 키울 때와 비교해 다정하게 말을 걸며 키운 화초의 꽃은 무엇이 다를까?

A 크고 멋진 꽃이 핀다
B 예쁜 색의 꽃이 핀다
C 크기도, 색도 큰 차이가 없다

(정답과 해설은 p114)

가을에 꽃이 피는 화초는 어떤 자극을 통해 가을이 왔다는 신호를 받을까?

정답 C 점점 길어지는 밤의 길이

왜 식물은 대부분 봄에 꽃을 피우는지에 대한 답은 이 책 1번(p14) 문제에서 설명했듯이 '더운 여름이 다가오고 있어서'다. 그런데 가을에 꽃을 피우는 식물도 많다. 그래서 왜 어떤 식물들은 가을에 꽃을 피울까? 라고 물으면 그에 대한 답은 앞에서와 마찬가지로 '추운 겨울이 다가오고 있기 때문'이라고 말할 수 있다.

추위에 약한 식물은 매년 찾아오는 추운 겨울이 괴롭다. 그래서 그들은 추운 겨울을 씨앗의 형태로 보내기 위해 가을에 꽃을 피우고 씨앗을 만든다. 즉 '가을에 꽃을 피우는 식물은 이제 곧 추위가 찾아온다는 사실을 알고 있다'라는 뜻이다. 어떻게 다가올 추위를 미리 알 수 있을까? 답은 '잎이 밤의 길이를 파악하기 때문'이다. 그렇다면 밤의 길이를 알면 더위가 찾아오는 것도 미리 알 수 있을까? 당연히 알 수 있다.

밤의 길이와 기온 변화의 관계를 생각해 보자. 6월 하순에 하지가 지나면 밤은 점점 길어지기 시작한다. 밤은 12월 하순 동지에 가장 길다. 반면 가장 추운 시기는 2월이다. 밤의 길이는 기온보다 두 달 정도 먼저 변한다. 따라서 화초들은 잎을 통해 밤의 길이를 파악해 추위가 온다는 사실을 두 달 전에 미리 알 수 있다.

식물들이 밤의 길이를 파악해서 꽃봉오리를 만들고 꽃을 피운다는 말을 믿기 어렵다면 우리 주변에서 흔히 볼 수 있는 나팔꽃을 이용해서 다음 그림과 같이 확인해볼 수 있다.

새싹이 밤의 길이를 파악해서 꽃봉오리를 만들게 하는 실험

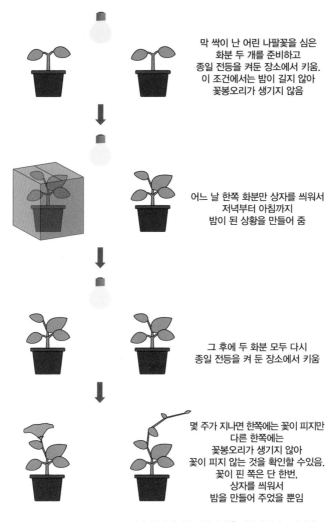

막 싹이 난 어린 나팔꽃을 심은
화분 두 개를 준비하고
종일 전등을 켜둔 장소에서 키움.
이 조건에서는 밤이 길지 않아
꽃봉오리가 생기지 않음

어느 날 한쪽 화분만 상자를 씌워서
저녁부터 아침까지
밤이 된 상황을 만들어 줌

그 후에 두 화분 모두 다시
종일 전등을 켜 둔 장소에서 키움

몇 주가 지나면 한쪽에는 꽃이 피지만
다른 한쪽에는
꽃봉오리가 생기지 않아
꽃이 피지 않는 것을 확인할 수있음.
꽃이 핀 쪽은 단 한번,
상자를 씌워서
밤을 만들어 주었을 뿐임

다만, 싹에 상자를 씌워서 밤을 만들어 준다고 하더라도
그 길이가 짧으면(약 9시간 이하) 꽃봉오리가 생기지 않음.
따라서 싹은 밤의 길이를 파악해서 꽃봉오리를 만들고 꽃을 피운다고 볼 수 있음

가을

잎은 꽃봉오리를 만들라는 신호를 어떻게 꽃눈에 전달할까?

정답 A 잎이 특정 물질을 만들어서 꽃눈으로 보낸다

꽃봉오리는 꽃눈 안에서 만들어진다. 하지만 잎을 밤과 비슷한 환경에 놓아두면 꽃봉오리가 생기는 것으로 보아, 식물이 꽃봉오리를 만드는 데 필요한 '밤의 길이'를 파악하는 부분은 꽃눈이 아닌 잎이다.

그런데 잎과 꽃눈은 서로 떨어져 있다. 그렇다면 밤의 길이를 파악한 잎과 꽃눈이 '꽃봉오리를 만들라는 신호'를 서로 주고받는다는 말이 된다. 동물처럼 신경이 있지도 않은 식물이 어떻게 잎에서 꽃눈으로 신호를 보낼까?

1936년 구소련의 식물학자 미하일 체일라칸Mikhail Chailakhtan은 '잎이 꽃봉오리를 만드는데 필요한 밤의 길이를 파악하면, 내부에서 꽃봉오리를 만들게 하는 물질을 생성해 꽃눈으로 보낸다'라는 가설을 세웠다. 그는 그 물질에 '플로리겐florigen'이라는 이름을 붙였다.

그때부터 전 세계의 연구원들이 이 가설에 따라 밤의 길이를 파악하는 잎에서 플로리겐을 추출하려고 시도했다. 하지만 체일라칸이 처음 가설을 세운 이후 80년 동안 플로리겐 추출에 성공한 사람은 없었다.

그런데 최근 애기장대라는 식물을 통해 플로리겐의 정체가 밝혀졌다. 애기장대의 잎에는 'FT'라는 유전자가 있다. 인위적으로 이 FT 유전자의 작용을 막으니 꽃봉오리의 형성이 늦어졌다.

반대로 활발하게 작용하도록 하니 꽃봉오리가 생기는 결과가 도출되었다. 또한 FT 유전자의 작용으로 만든 단백질이 잎에서 꽃눈으로 이동한다는 사실도 밝혀졌다. 즉 FT 유전자가 만들어 낸 단백질이 바로 플로리겐이었던 셈이다.

이런 체계는 벼에서도 볼 수 있다. 밤의 길이를 파악하는 벼의 잎에는 'Hd3a'라는 유전자가 있고, 이 유전자가 만들어 낸 단백질이 꽃봉오리를 만든다.

애기장대의 FT 유전자와 꽃봉오리 형성의 관계

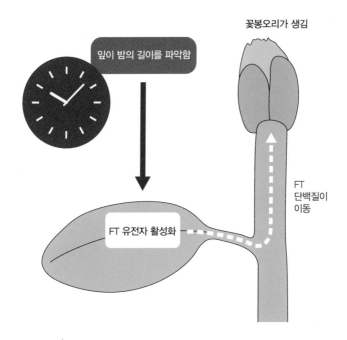

꽃봉오리가 생김

잎이 밤의 길이를 파악함

FT
단백질이
이동

FT 유전자 활성화

다정하게 말을 걸며 키운 화초의 꽃은 무엇이 다를까?

정답 <u>**C**</u> 크기도, 색도 큰 차이가 없다

'다정하게 말을 걸고 힘을 북돋아 주면서 식물을 키우면 예쁘고 아름다운 꽃이 핀다'라는 말이 있다. 마치 식물이 사람의 말을 이해한다는 듯한 표현이다. 하지만 안타깝게도 다정하게 말을 걸며 키운다고 해서 특별히 예쁘고 아름다운 꽃이 피지는 않는다.

이렇게 말해도 본인의 경험을 근거로 내세우며 '다정하게 말을 걸며 키웠더니 예쁘고 아름다운 꽃이 피었다'라고 주장하는 사람이 있다. 아마도 그런 사람은 말을 걸면서 식물을 쓰다듬고 만졌을 것이다. 식물들은 말은 이해하지 못하지만 '접촉'은 느낀다.

누군가의 손길이 닿은 식물은 그렇지 않은 식물보다 천천히 자라서 줄기는 굵고 키는 작다. 키로 갈 영양분이 줄기로 가서 줄기가 굵고 짧은 튼튼한 개체로 자란다.

또한 식물은 자기 몸으로 지탱할 수 있을 만한 크기로 꽃을 피운다. 지탱하지도 못할 큰 꽃을 피웠다가는 결국 쓰러질 뿐이다. 따라서 줄기가 굵고 짧은 식물은 크고 멋진 꽃을 피울 수 있다. 크고 멋진 꽃이 바로 '예쁘고 아름다운 꽃'이다.

반면 누군가의 손길이 닿지 않은 식물은 키가 크고 줄기는 가늘게 자란다. 그리고 그런 줄기로는 크고 멋진 꽃을 지탱할 수 없어서 스스로 지탱할 수 있는 작은 꽃을 피운다.

따라서 크고 멋진 꽃이 피는 이유는 다정하게 말을 걸며 쓰다듬고 만져주었기 때문이다. 결코 식물이 다정한 말을 알아듣기 때문이 아니다.

하지만 아무리 설명해도 '접촉을 느끼며 자란 식물이 아름답고 예쁜 꽃을 피운다는 사실은 알겠다. 하지만 어쩌면 다정한 말도 이해하지 않을까?'라며 여전히 믿지 못하는 사람이 있다. 그런 사람에게 '식물은 다정한 말을 이해하지 못한다'라는 사실을 받아들이게 하려면 간단한 실험 하나면 된다.

다정하게 힘을 북돋아 주는 말이 아니라 매일 험한 욕설이나 질타를 퍼부으면서 식물을 만져주면 된다. 분명 다정하게 말을 걸며 쓰다듬었을 때와 똑같이 예쁘고 아름다운 꽃이 필 것이다.

식물의 접촉 실험

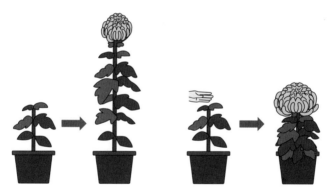

만지지 않고 키웠을 때　　　　　　만지면서 키웠을 때

'접촉'이라는 자극을 느끼면 식물 내부에 '에틸렌'이라는 기체가 발생함. 에틸렌은 줄기가 위로 자라는 것을 억제하며 굵어지게 만드는 작용을 함. 따라서 식물은 '접촉'이라는 자극을 받으면 에틸렌의 영향으로 줄기가 굵고 짧아져서 튼튼하고 키가 작은 개체로 자란다는 사실을 알 수 있음

40 가을이면 많은 나무에 노란 단풍이 든다. 왜 녹색이던 잎이 노랗게 물드는 걸까?

A 가을이 오면 녹색 색소가 사라진다

B 가을이 오면 녹색 색소가 사라지고 노란색 색소가 생긴다

C 가을이 오면 녹색 색소가 노란색으로 바뀐다

(정답과 해설은 p118)

41 가을이면 많은 나무에 빨간 단풍이 든다. 왜 녹색이던 잎이 붉게 물드는 걸까?

A 가을이 오면 녹색 색소가 사라진다

B 가을이 오면 녹색 색소가 사라지고 붉은색 색소가 생긴다

C 가을이 오면 녹색 색소가 붉은색으로 바뀐다

(정답과 해설은 p120)

붉게 물든 단풍나무와 노랗게 물든 은행나무

42 단풍이 예쁘게 들려면 어떤 조건이 필요할까?

A 낮에는 강한 햇빛이 쏟아져 따뜻하고 밤에는 쌀쌀해야 한다

B 낮에는 강한 햇빛이 쏟아져 따뜻하고 밤에도 따뜻해야 한다

C 낮에 햇빛이 약하고 밤에도 쌀쌀해야 한다

(정답과 해설은 p122)

왜 녹색이던 잎이
노랗게 물드는 걸까?

정답 **A** 가을이 오면 녹색 색소가 사라진다

가을이면 은행나무 잎은 예쁜 노란색으로 물든다. 노란 은행잎은 장소나 그해의 상황에 영향을 받지 않고 항상 나무마다 색이 일정하다는 특징이 있다.

예를 들면 은행나무에 대해 말할 때 '그 은행나무의 빛깔이 더 예쁘다' 또는 '그 은행나무의 빛깔은 별로다'라는 말로 어느 나무의 은행잎이 더 예쁘게 물들었는지 비교하지 않는다. '거기 은행나무 가로수는 정말 예뻐'라고 말하기도 하지만, 특정한 나무가 예쁘다기보다는 그저 노란 은행나무로 가득한 가로수길이 예쁘다는 의미다.

또한 해마다 단풍색이 크게 다르지도 않아서 '올해는 은행나무 단풍이 특히 예쁘다'라거나 '올해 은행나무 단풍은 예년만 못하다'라는 말도 잘하지 않는다. 은행나무 단풍의 노란색은 해가 바뀌어도 늘 그대로다.

그 이유는 가을이 오면 나무가 잎을 노랗게 물들이는 색소를 따로 만드는 것이 아니라 이미 가지고 있던 색소가 드러나는 것일 뿐이기 때문이다. 노란색 색소는 잎이 녹색이었던 여름에 이미 만들어진 것이다.

녹색 색소는 '엽록소'고, 노란색 색소는 '카로티노이드'다. 엽록소의 녹색은 봄부터 계속 잎에서 두드러지지만, 카로티노이드의 노란색은 진한 녹색의 기세에 밀려 존재해도 보이지 않는다. 하지만 추위에 약한 녹색 색소는 가을이 되고 기온이 떨어지면 분해되어 사라져버린다. 이때부터 진한 녹색의 기세에 밀리던 노란색 색소가 드러나기 시작하고, 잎이 노란색으로 물든다.

그런데 가을에 기온이 떨어지는 상황은 해마다 다르다. 기온이 떨어지는 시기가 빨리 찾아온 해에는 녹색 색소가 빨리 사라지고 그만큼 노란 단풍이 빨리 나타난다. 반대로 기온이 떨어지는 시기가 늦게 찾아오면 노란 단풍도 늦게 나타난다. 따라서 '올해는 단풍 소식이 빠르다' 또는 '올해는 단풍 소식이 늦다'라고 표현하듯이 노란 단풍이 찾아오는 시기는 해마다 다르다.

하지만 겨울이 가까워지면 기온은 떨어질 수밖에 없고 녹색 색소는 사라진다. 결국 숨어있던 노란색 색소가 두드러지면서 잎은 노랗게 물든다. 그래서 은행나무 단풍이 찾아오는 시기는 매년 달라도 어느 해든, 어디서든 늘 같은 색을 보여준다.

노란 단풍이 드는 원리

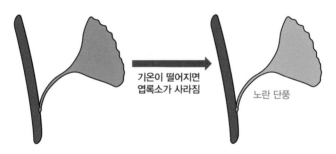

기온이 떨어지면
엽록소가 사라짐

노란 단풍

노란색 색소인 카로티노이드는
잎이 녹색이었을 때 만들어짐.
하지만 녹색 색소인 엽록소에 가려져서
노란색은 드러나지 않음

기온이 떨어지면서
잎 내부의 엽록소가 줄어들면
가려져 있던 카로티노이드가
점점 드러나 잎이 노랗게 물듦

왜 녹색이던 잎이
붉게 물드는 걸까?

정답 B 가을이 오면 녹색 색소가 사라지고 붉은색
색소가 생긴다

가을에 붉게 물드는 단풍을 대표하는 나무는 '단풍나무'다. 다만, 단풍나무의 단풍색은 매년 일정하지 않다. 그래서 '올해는 단풍이 특히 예쁘네'라거나, '그 단풍나무가 더 예쁘다', '그 단풍나무의 색은 좀 별로다'라고 평가하기도 한다. 실제로 단풍나무는 장소와 개체마다는 물론이고, 아무리 단풍 명소로 유명한 곳이어도 매년 색이 달라진다.

그 이유는 간단하다. 은행나무와 달리 단풍나무는 잎을 붉게 물들이기 위해 '안토시아닌'이라는 붉은 색소가 필요하기 때문이다. 안토시아닌이 생성되는 조건은 다음 질문에서 설명하겠다. 그러니 우선, 그 전에 단풍이 예쁘게 물들기 위한 전제조건부터 살펴보자.

우선 단풍이 물들기 위해서는 잎 내부에 있는 녹색 색소인 엽록소가 사라져야 한다. 앞 질문(p118)에서 설명했듯이 엽록소는 추위를 만나면 사라진다.

따라서 선택지에 있던 '가을이 오면 녹색 색소가 사라진다'라는 답도 단풍이 예쁘게 물들기 위한 중요한 요소 중 하나다. 하지만 그것만으로는 붉게 물들지 않는다.

그렇다면 단풍나무는 왜 붉게 물들까? 안타깝지만 이 신비한 현상에 대해서는 명확한 이유가 밝혀지지 않았다. 다만, 붉은색을 내는 색소가 '안토시아닌'이라는 사실만큼은 분명하다.

안토시아닌은 이 책 27번 질문(p82)에서 설명했듯, 햇빛에 들어있는 자외선을 막아주는 물질이다. 이 점에서 안토시아닌의 역할을 추측해볼 수 있다.

단풍나무에는 작은 눈이 여기저기 많이 달려 있다. 내년 봄에 싹을 틔우고, 다음 세대를 살아갈 눈들이다. 단풍나무는 가을 햇빛에 포함된 자외선으로부터 이 눈들을 지켜야 한다. 단풍잎의 색소는 햇빛이 약해지는 겨울이 올 때까지 일시적으로 자외선을 흡수한다. 아마도 다음 봄에 피어날 싹이 상처 입지 않도록 지키는 역할을 하는지도 모른다.

가을

붉은 단풍이 드는 원리

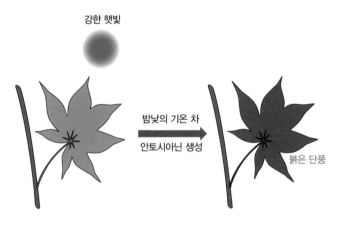

강한 햇빛

밤낮의 기온 차

안토시아닌 생성

붉은 단풍

잎이 녹색일 때 잎 내부에는
녹색 색소인 엽록소만 있고
붉은색 색소인 안토시아닌은 없음

기온이 떨어지면서 엽록소가 줄어들고,
낮의 온기와 햇빛의 자외선으로 인해
안토시아닌이 만들어지면 잎이 붉게 물듦

단풍이 예쁘게 들려면 어떤 조건이 필요할까?

정답 **A** 낮에는 강한 햇빛이 쏟아져 따뜻하고
밤에는 쌀쌀해야 한다

안토시아닌을 많이 생성하기 위해 반드시 충족해야 할 조건이 있다. 첫 번째는 포근한 기온의 낮이다. 자외선이 듬뿍 든 강한 햇빛이 쏟아져야만 한다. 안토시아닌은 자외선으로 인한 피해를 막기 위해 만들어지는 물질이다. 따라서 강한 자외선은 필수다.

두 번째는 추운 밤이다. 단풍이 예쁘게 물들기 위해서는 잎 내부의 녹색 색소가 사라져야 하기 때문이다. 녹색 색소인 엽록소를 없애려면 밤에는 추워야 하지만, 앞서 말했듯 안토시아닌이 생성되는 조건은 뜨거운 낮이다.

하지만 낮 기온과 밤 기온, 그 일교차는 매년 다르다. 그러다 보니 어느 해의 단풍은 특히 예쁘고, 또 어느 해의 단풍은 그렇지 못하다.

마찬가지로 장소에 따라서도 기온은 달라진다. 또한 나무가 자리한 위치에 따라 햇빛이 드는 정도도 달라서 식물이 받는 자외선의 양은 천차만별이다. 이런 이유로 붉은 단풍은 해마다 장소와 위치에 따라 색의 차이가 생긴다.

또한 붉게 물든 단풍이 예쁜 상태를 오래 유지하려면 높은 습도가 필요하다. 습도가 낮으면 잎이 마르면서 노화하기 때문이다.

'단풍 명소'로 유명한 곳을 보면 적당한 높이의 산 중턱에 있는 계곡인 경우가 많다. 그런 장소는 낮에는 강한 햇빛이 쏟아져서 따뜻하고, 밤에는 기온이 뚝 떨어진다. 또 공기가 맑고 깨끗해서 자외선이 많이 닿는다.

경사면 아래쪽에 있는 계곡에는 물이 흘러 높은 습도도 유지할 수 있다. '일본의 3대 단풍 명소'로 불리는 교토부의 아라시야마 산, 도치기현의 닛코, 오이타현의 야바케이는 이런 조건을 만족하는 곳이다.

아라시야마(교토부)

집 마당이나 공원에 있는 단풍나무를 봐도 햇빛이 잘 닿고 밤에 쌀쌀한 바람을 먼저 맞는 바깥쪽 잎부터 붉어지기 시작한다. 새빨갛게 물든 단풍을 단순한 구경거리로만 보지 말고 근처에 있는 단풍나무의 잎이 어떻게 물드는지 관찰해보자.

가을

단풍이 예쁘게 들 때 필요한 조건

① 낮에는 자외선이 듬뿍 든 햇빛을 받아야 함
  → 안토시아닌이 생성

② 밤에는 추워야 함
  → 엽록소가 사라짐

③ 습도가 높아야 함
  → 잎의 건조와 노화 방지

43 가을은 잎이 떨어지는 계절이다. 낙엽은 어떻게 생기는 걸까?

A 잎자루(엽병) 끝부분이 시들어서 떨어진다

B 잎과 잎자루 사이가 시들어서 떨어진다

C 잎자루와 가지(줄기) 사이에 분리될 부분이 생기면서 잎이 떨어져 나
간다

(정답과 해설은 p126)

은행나무의 낙엽

44 식물은 겨울 추위를 버티기 위해 가을에 겨울눈을 미리 만든다. 그렇다면 무엇을 계기로 겨울눈을 만들기 시작하는 걸까?

A 햇빛의 강도가 점점 약해져서
B 기온이 점점 떨어져서
C 밤이 점점 길어져서
D 공기가 점점 건조해져서

(정답과 해설은 p128)

45 봄에 꽃이 피는 벚꽃이 가을에 꽃을 피울 때가 있다. 왜 벚꽃이 가을에 피는 일이 생길까?

A 여름에 쐐기벌레가 잎을 다 갉아 먹어서
B 가을에 봄처럼 따뜻한 날이 이어져서
C 가을에 잠시 추위가 찾아왔다가 봄처럼 따뜻한 날이 이어져서

(정답과 해설은 p130)

낙엽은 어떻게 생기는 걸까?

정답 C 잎자루와 가지(줄기) 사이에 분리될 부분이
생기면서 잎이 떨어져 나간다

가을은 잎이 떨어지는 계절이다. 잎은 봄부터 쉬지 않고 일하다가 늦
가을이 되면 시들어 떨어진다. 이렇게 떨어지는 잎을 '낙엽'이라고 하며,
낙엽이 생기는 나무를 '낙엽수'라고 한다.

일본에서는 가을에서 초겨울 사이에 부는 춥고 거센 바람을 '고가라시
木枯らし'라고 한다. 이름에서부터 나무를 시들게 하는 바람이라는 의미가
담겨있다. 하지만 실제 잎이 시들어 떨어지는 이유는 바람 때문이 아니다.
잎은 준비를 마치고 스스로 시들어 떨어진다.

잎은 '겨울 추위 속에서는 자신이 아무것도 할 수 없는 존재'임을 깨닫
는다. 그래서 추운 겨울이 오기 전에 스스로 물러날 때를 생각한다. 잎이
자기 삶에서 마지막으로 하는 일은 시들어 떨어지기 위한 준비다.

잎은 떨어지기 전에 녹색이었을 때 만들어 두었던 녹말이나 단백질 같
은 영양분을 나무의 본체로 돌려보낸다. 본체로 돌아간 영양분은 나무가
살아가는 데 소중히 쓰인다. 바로 사용하기도 하지만 겨울 동안 씨앗이
나 열매의 형태로 저장해 두기도 한다. 이 영양분을 봄에 싹을 틔울 눈이
나 땅속의 뿌리에 저장하는 식물도 있다.

그런데 '잎이 스스로 시들어 떨어질 준비를 한다'라고 보는 이유는 영
양분을 본체로 돌려보내기 때문만은 아니다. 시들어 떨어질 부분을 만들
라는 지시도 직접 내린다.

잎은 녹색으로 된 평평하고 넓은 부분인 '잎몸'과 잎몸을 가지나 줄기와 연결하는 '잎자루'로 구성된다. 잎이 시들어 떨어지기 전에 잎자루의 끝부분에 '분리될 부분'을 만드는데, 그 부분을 '떨켜'라고 한다. 이 부분이 분리되면서 잎은 가지에서 떨어진다. 방금 떨어진 잎의 잎자루 끝을 보면 아직 싱싱한 색이다. '마른 잎'이라고는 하지만 실제 잎이 말라서 떨어지는 것이 아니다.

떨켜는 가지나 줄기가 아니라 잎의 작용으로 만들어진다. 평소에는 잎몸에서 옥신을 만들어 잎자루로 보내고, 보내진 옥신이 떨켜의 형성을 억제한다. 하지만 떨어질 시기가 오면 잎은 옥신을 보내지 않고 스스로 떨켜의 형성을 촉진해 시들어 떨어지는 길을 선택한다.

낙엽의 원리

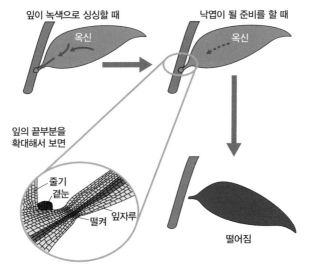

잎몸에서 잎자루로 옥신을 보내지 않으면 잎자루의 끝쪽에 떨켜가 생기고, 그 부분이 떨어져 잎이 줄기와 분리됨

무엇을 계기로 겨울눈을 만들기 시작하는 걸까?

정답 C 밤이 점점 길어져서

겨울눈은 겨울 추위를 버티기 위한 대책이다. 그래서 추위가 오기 전에 만들어 두어야 한다. 따라서 겨울눈을 만드는 나무는 겨울 추위가 언제 닥쳐올지 가늠할 수 있어야 한다. 나무는 어떻게 추워지기 전에 곧 추위가 찾아온다는 사실을 알 수 있을까?

답은 '잎이 밤의 길이를 파악할 수 있어서'다. 이 책 37번 질문(p110)에서 설명한 '가을에 꽃을 피우는 화초가 겨울의 방문을 미리 아는 것'과 같은 원리다. 여기서 밤의 길이와 기온의 변화를 복습해 보자.

밤의 길이는 여름 하지가 지나고 나면 가을까지 점점 길어지며 크게 변한다. 그러다 동지가 찾아온다. 동지는 겨울의 절기답게 밤의 길이가 가장 긴 날이다. 이때가 12월 하순이다.

반면, 겨울 추위는 2월에 가장 매섭다. 밤의 길이는 추위보다 두 달 정도 앞서 길어지기 시작한다. 따라서 잎은 밤의 길이를 파악해 두 달 전에 추위 소식을 미리 알 수 있다.

다만, 점점 길어지는 밤의 길이를 느끼는 것은 '잎'이다. 겨울눈을 만드는 것은 '눈'이다. 따라서 잎은 밤이 길어졌다는 사실을 파악하면 '눈'에게 겨울이 온다는 소식을 알려 주어야 한다.

하지만 식물은 동물이 가진 '신경'처럼 자극을 전달할 수 있는 수단을 가지고 있지 않다. 그래서 잎은 밤의 길이에 따라 '아브시스산'을 만들어 눈으로 보낸다. 아브시스산의 양이 늘어나면 꽃봉오리를 감싸는 겨울눈이 생긴다.

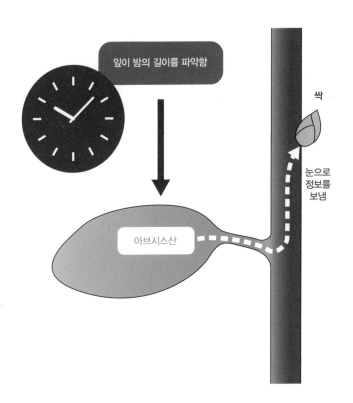

잎은 여름에서 가을에 걸쳐 밤의 길이가 점점 길어지는 것을 느낌.
하지만 겨울눈을 만드는 것은 '눈'이므로 '잎'은 밤이 길어졌다는 사실을 파악하면
'눈'에게 '겨울이 온다'라는 소식을 알려주어야 함.
그래서 잎은 밤의 길이에 따라 '아브시스산'을 만들어 눈으로 보내고,
아브시스산의 양이 늘어나면 꽃봉오리를 감싸는 겨울눈이 생김.
이런 원리로 여름에 생긴 꽃봉오리는 겨울눈 안에서 봄을 기다리게 됨

겨울눈이 생기는 원리

왜 벚꽃이 가을에 피는
일이 생길까?

정답 A   여름에 쐐기벌레가 잎을 다 갉아 먹어서

이 책의 4번 질문(p22)에서 설명했듯 벚꽃의 꽃봉오리는 여름에 생긴다. 그래서 가을에 꽃을 피우기도 하는 이유는 '가을에 잠시 추위가 찾아왔다가 봄처럼 따뜻한 날이 이어져서'일 가능성도 있다. 하지만 그 사정을 자세히 들여다보면 '여름에 쐐기벌레가 잎을 다 갉아 먹었기 때문'이라는 사실을 알 수 있다.

가을에 벚꽃이 피는 현상을 이해하려면 벚꽃의 꽃봉오리가 여름에 이미 만들어졌으나, 가을에 개화하지 않고 겨울눈이라는 단단한 눈에 감싸져 추위를 나는 체계를 먼저 이해해야 한다. 이 체계에서 잎은 아주 중요한 작용을 한다.

앞 질문(p128)에서 설명한 겨울눈의 생성 원리를 이해하면 가을에 벚꽃이 피는 이유를 알 수 있다. 잎이 밤의 길이를 파악하고 아브시스산을 만들어 눈으로 보내면 겨울눈이 생긴다. 이때 '만약 쐐기벌레가 다 갉아 먹어서 잎이 없다면' 어떻게 될까?

잎이 없으면 가을이 되어도 밤의 길이를 파악할 수 없고, 아브시스산도 만들 수 없다. 눈에 아브시스산이 전달되지 않으면 겨울눈이 생기지 않으니 꽃봉오리는 상온에 그대로 노출된다. 결국 봄과 비슷한 가을의 포근한 기온 속에서 꽃봉오리가 벌어지게 되는 것이다.

봄과 가을에 모두 피는 벚꽃

잎의 유무에 상관없이 봄과 가을에 모두 피는 벚꽃도 있음.
사진은 사계절 벚꽃(아이치현 도요타시 센미초)

46 가을에 태풍이 지나가고 나면 봄에 피어야 할 벚꽃이 필 때가 있다. 왜 태풍이 지나가고 나면 벚꽃이 필까?

A 태풍의 강한 바람 때문에 잎이 떨어져서
B 태풍이 비를 동반하지 않아 잎이 말라서
C 많은 비를 동반한 태풍 때문에 잎이 말라서

(정답과 해설은 p134)

47 매년 가을에 발표하는 '내년 꽃가루 예상 농도'는 잘 맞을까?

A 어디까지나 예상이므로 근거가 부족해서 맞을 때도 있고 틀릴 때도 있다
B '올해 많았으면 내년에는 적고, 올해 적었으면 내년에는 많다'라는 경향성이 있어서 거의 맞다
C 가을에 수꽃의 꽃봉오리 수와 성장 상태를 조사해서 발표하므로 거의 맞다

(정답과 해설은 p136)

48 식물이 싹을 틔울 때 필요한 조건은 적절한 온도, 물, 공기(산소)다. 이를 발아의 세 가지 조건이라 부른다. 그런데 이 조건에 빛은 포함되어 있지 않다. 그렇다면 빛을 받지 못했을 때 싹을 틔우지 않는 씨앗은 없는 걸까?

A 발아의 세 가지 조건에 '빛'은 포함되어 있지 않으므로, 빛을 받지 못한다고 해서 싹이 트지 않는 씨앗은 없다

B 빛이 없으면 싹이 터도 자랄 수 없으므로 빛을 받지 못하면 싹을 틔우지 않는 씨앗도 있다

C 씨앗은 빛을 감지하지 못하므로 빛을 받지 못한다고 해서 싹이 트지 않는 씨앗은 없다

(정답과 해설은 p138)

수경재배한 잎상추의 발아

왜 태풍이 지나가고 나면
벚꽃이 필까?

정답 **B**   태풍이 비를 동반하지 않아 잎이 말라서

가을 태풍이 지나가고 나면 잎이 전부 떨어질 때가 있다. 강한 바람이 잎을 불어 날려서가 아니라, 염해鹽害를 입어 잎이 시들어 떨어진 것이다. 염해는 글자 그대로 염분에 의한 피해를 의미한다. 염분이 가득한 바닷물을 머금은 태풍이 나뭇잎에 소금을 묻히면 그 염분 때문에 잎이 시들어 떨어지는 현상을 가리킨다.

일반적으로 태풍은 비를 동반한다. 그래서 보통은 소금이 나뭇잎에 묻어도 빗물에 씻겨 내려간다. 하지만 가끔 비를 동반하지 않는 태풍이 불면 잎에 묻은 소금이 씻겨 내려가지 않아 염해를 입는다. 그리고 염해를 입어 잎이 떨어지면 벚꽃이 핀다(아래 그림 참고). 이러한 이유로 가을 태풍이 지나가고 나면 벚꽃이 피는 현상이 일어나기도 한다.

염해로 잎이 시들어 꽃이 피는 원리

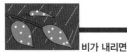

바다에서 발생한
태풍에는 염분이
섞여 있어 잎에
소금을 묻힘

비가 내리지 않으면

비가 내리면

염분이 씻겨 내려감

즉 '가을에 벚꽃이 피는 현상'의 원인은 태풍의 영향으로 잎이 시들어 떨어지기 때문이다. 단순히 벚꽃이 계절을 착각했기 때문이 아니라 잘 짜인 식물의 체계로 인해 일어나는 현상이다.

가을에 벚꽃이 피는 현상을 '불시개화'라고 부른다. 제철을 모르고 꽃이 피었다는 의미다. 한때 일본에서는 불시개화한 벚꽃에 '정신 나간 벚꽃'이라는 이름을 붙이기도 했다. 하지만 이제는 위에서 설명한 체계가 잘 알려져서인지 여론이 조금 달라지기 시작했다. 2018년 가을에 태풍이 지나가고 전국 여기저기에 벚꽃이 피었을 때 일부 언론에서는 '태풍이 보낸 선물'이나 '태풍이 두고 간 선물'이라는 표현을 썼다.

그런데 가을에 꽃이 피면 다음 해 봄에는 꽃이 피지 않는 걸까? 그렇다. 여름에 생긴 꽃봉오리가 가을에 벌어져 버리면 그 꽃봉오리는 다음 해 봄에 꽃을 피우지 못한다. 하지만 다행히 가을에 꽃이 많이 핀 것처럼 보여도 사실 그 수는 그리 많지 않다. 따라서 다음 해 봄에는 아무 일도 없었다는 듯이 만개한 벚꽃을 즐길 수 있다.

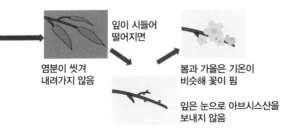

잎이 시들어
떨어지면

염분이 씻겨
내려가지 않음

봄과 가을은 기온이
비슷해 꽃이 핌

잎은 눈으로 아브시스산을
보내지 않음

47

매년 가을에 발표하는
'내년 꽃가루 예상 농도'는 잘 맞을까?

정답 C 가을에 수꽃의 꽃봉오리 수와 성장 상태를
조사해서 발표하므로 거의 맞다

봄에 날리는 꽃가루의 양은 전년도 여름의 기온과 수꽃의 성장 상황에
따라 달라진다. 그중 삼나무는 꽃가루를 만들 때 많은 에너지를 사용한
다. 그래서 매년 많은 날리는 꽃가루 양에 많은 차이가 있다.

삼나무는 에너지가 많이 모이면 이듬해 봄에 꽃가루를 있는 힘껏 방출
한다. 그래서 꽃가루가 적은 해가 이어지고 나면 몇 년에 한 번씩 꽃가루
가 대량으로 날리는 해가 찾아온다.

매년 가을, '내년 봄에는 꽃가루 농도가 높지 않을 것이다'라든가, '내
년 봄의 꽃가루 농도는 예년의 5~6배 수준이 될 것이다'라며 꽃가루 농
도 예보가 발표된다. 그리고 이 예보는 더 정확한 근거 두 가지를 가지고
판단하므로 거의 맞아떨어진다.

삼나무의 수꽃

삼나무는 꽃가루를 만
드는 수꽃과 씨앗을 만
드는 암꽃이 각각 다른
나무에서 핀다. 꽃봉오
리는 여름에 생기고, 특
히 7월의 온도가 높을수
록 꽃가루를 만드는 수
꽃의 꽃봉오리가 많이
생긴다고 알려져 있다.

따라서 이듬해 봄에 날릴 꽃가루의 양을 예상하려면 우선, 여름에 생긴 수꽃의 수를 조사해야 한다. 이것이 예보의 정확도를 올리는 첫 번째 근거다.

다음으로 가을에 이 꽃봉오리들이 잘 자라고 있는지를 조사한다. 만약 성장 상태가 좋지 않다면 봄에 꽃이 많이 피지 않는다는 의미가 된다. 반면 수꽃이 잘 자라고 있다면 봄에 많은 꽃가루가 날릴 것이라고 예상할 수 있다. 이것이 예보의 정확도를 올리는 두 번째 근거다.

가을부터 겨울까지는 수꽃도 성장을 멈춘다. 따라서 조사는 여기까지만 하면 된다. 실제 봄에 날리는 꽃가루 양에는 그 후의 기온도 영향을 미치지만, 여기까지의 조사로도 꽤 정확한 예보를 할 수 있다. 따라서 가을에 발표되는 예상은 거의 맞아떨어진다.

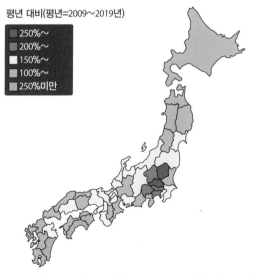

2019년 꽃가루 농도 경향 예상

평년 대비(평년=2009~2019년)

- 250%~
- 200%~
- 150%~
- 100%~
- 250%미만

2019년 꽃가루 농도의 전국 평균은 평년보다 60% 증가할 것으로 예보되었음.
10월 1일 발표된 웨더뉴스의 '제1회 꽃가루 농도 경향'을 바탕으로 작성
(삼나무·편백나무 기준. 홋카이도는 자작나무 기준)

가을

빛을 받지 못했을 때
싹을 틔우지 않는 씨앗은 없는 걸까?

정답 **B** 빛이 없으면 싹이 터도 자랄 수 없으므로
빛을 받지 못하면 싹을 틔우지 않는 씨앗도 있다

재배되는 식물은 싹이 튼 후 잘 자랄 수 있도록 인간이 적절한 환경을 만들어 준다. 그래서 발아의 세 가지 조건만 채워지면 싹을 틔운 후 문제없이 자란다. 하지만 잡초는 이 조건이 모두 채워졌다고 해서 무조건 발아하지는 않는다. 자연에서 스스로 살아가야 하기 때문이다.

씨앗은 빛이 닿지 않는 장소에서 발아해도 얼마간은 씨앗 안에 저장된 양분으로 성장할 수 있다. 하지만 그 후에는 물과 이산화탄소를 재료로 삼아 빛을 이용해 성장에 필요한 영양분을 스스로 만들어야 한다. 이 과정이 바로 '광합성'이다. 이때 빛을 받지 못하면 싹은 결국 시들고 만다. 하지만 씨앗의 형태로 있으면 적합하지 않은 환경을 피해 계속 살아남을 수 있다.

따라서 싹을 틔워도 살 수 없는 환경이라면 씨앗은 발아하지 않는 것이 유리하다. 발아한 후에 성장할 수 있는 적합한 조건이 갖춰질 때까지 기회를 보며 기다리는 편이 현명한 대책이다.

그래서 싹을 틔울 때 빛이 필요한 씨앗은 발아의 세 가지 조건이 갖춰져도 빛이 닿지 않는 어둠 속에 있으면 발아하지 않는다. 이처럼 싹을 틔울 수 있는 능력이 있어도 발아의 세 가지 조건 외에 다른 조건이 채워지지 않으면 씨앗이 발아하지 않는 상태를 '휴면'이라 부른다.

1907년 독일의 식물학자 빌헬름 킨젤Wilhelm Kinzel은 독일에서 자라는 965종의 식물을 대상으로 씨앗이 발아할 때 빛이 필요한지를 조사했다.

그 결과 '672종은 빛이 없으면 발아하지 않았고, 258종은 강한 빛에는 발아가 억제되었지만 빛은 필요했다'라는 사실을 확인할 수 있었다. 965종 중 빛의 영향을 받지 않는 식물은 35종에 불과했다.

싹을 틔울 때 빛이 있어야 하는 식물은 많다. 이렇게 싹을 틔울 때 빛이 필요한 씨앗을 '광발아종자'라고 한다. 반대로 빛을 받으면 발아가 억제되는 씨앗은 '암발아종자'라고 한다.

광발아종자와 암발아종자의 예

광발아종자 빛을 받으면 발아가 촉진됨	암발아종자 빛을 받으면 발아가 억제됨
달맞이꽃, 자소엽, 파드득나물, 양상추, 질경이, 담배 등	호박, 맨드라미, 토마토, 오이, 시클라멘, 광대나물 등
씨앗을 뿌릴 때 깊이 묻으면 싹이 트지 않음. 씨앗을 살살 뿌리고 흙을 가볍게 덮어서 재배. 사진은 잎상추	씨앗을 뿌리고 빛이 닿으면 싹이 트지 않음. 일반적으로 지면에 구멍을 파서 씨앗을 넣고 흙을 덮어서 재배. 사진은 오이

49 많은 식물이 가을에 씨앗을 만들고 봄에 싹을 틔운다. 씨앗이 발아하려면 봄 기온에 가까운 온도, 물, 공기(산소)라는 세 가지 조건이 필요하다. 그렇다면 발아의 세 가지 조건만 충족하면 가을에도 싹이 틀까?

A 1주일 안에 싹이 튼다
B 몇 주가 걸리기는 하지만 싹이 튼다
C 싹이 트지 않는다

(정답과 해설은 p142)

50 '식욕의 계절'답게 가을에는 맛있는 과일이 시장에 많이 나온다. 다양한 품종이 보이고, 때로는 새로운 품종이 보이기도 한다. 그런데 새로운 품종의 과일나무는 개체 수를 어떻게 늘릴까?

A 씨앗을 채취해 묘목을 키워서 늘린다
B 가지를 잘라 접붙이기로 늘린다
C 가지를 잘라 꺾꽂이로 늘린다

(정답과 해설은 p144)

51 튤립이나 히아신스, 수선화와 같은 알뿌리 식물은 가을에 알뿌리를 화단에 심는다. 곧 겨울 추위가 찾아올 텐데 왜 가을에 알뿌리를 심을까?

A 추위를 겪지 않으면 꽃봉오리가 생기지 않아서
B 추위를 겪지 않으면 꽃봉오리가 자라지 않아서
C 봄이 되고 나서 심으면 싹이 나오는 시기가 늦어져서

(정답과 해설은 p146)

가을에 심어 봄에 꽃이 피는 알뿌리 식물

히아신스

무스카리

라넌큘러스의 꽃

라넌큘러스의 알뿌리

발아의 세 가지 조건만 충족하면 가을에도 싹이 틀까?

정답 **C** 싹이 트지 않는다

이번 질문은 이 책의 11번 질문(p40)의 복습이다. 우리는 이미 가을에 생긴 씨앗은 겨울 추위를 겪지 않으면 싹이 트지 않는다는 사실을 간단한 실험을 통해 확인했다.

가을에 만들어진 씨앗을 채취해 물 머금은 티슈가 깔린 샬레에 뿌린다. 하지만 이 씨앗을 따뜻한 실내에 놓아두어도 싹은 올라오지 않는다.

이번에는 똑같은 샬레를 하나 더 준비해서 잠시 냉장고에 넣어 둔다. 그 후에 발아할 수 있도록 다시 실온에 꺼내두면 신기하게도 싹이 트는 모습을 볼 수 있다.

냉장고에 넣어둔 기간이 길수록 발아율은 올라간다. 이 실험을 통해 가을에 만들어진 씨앗은 겨울의 저온을 겪지 않으면 싹을 틔우지 않는다는 사실을 확인할 수 있었다.

만약 가을에 바로 싹을 틔우면 곧 닥쳐올 겨울 추위에 싹은 분명 말라 죽을 것이다. 가을에 만들어진 씨앗은 겉으로 보기에는 완전하나, 발아 능력을 갖추지 못한 상태라서 겨울 추위를 겪어야만 비로소 싹을 틔울 수 있다.

겨울의 추운 날씨를 느끼지 못하면 발아하지 않는 성질은 가을에 생긴 씨앗이 자연에서 겨울을 날 때도 도움이 된다. 명아주, 강아지풀, 돼지풀 같은 잡초의 씨앗뿐만이 아니라 물푸레나무, 단풍나무, 튤립나무, 호두나무, 사과, 복숭아 등 많은 씨앗이 이런 성질을 가지고 있다.

이는 일단 한 번 싹이 트고 나면 추위를 피해 이동할 수 없는 식물이 종족을 보존하기 위해 생각한 지혜다.

추위를 겪지 않은 씨앗의 내부에는 발아를 방해하는 물질, '아브시스산'이 들어있다. 씨앗이 저온에 노출되면 이 물질의 함유량은 줄어든다. 아브시스산이 발아를 억제하는 물질이라면 '지베렐린'은 이 책의 12번 질문(p42)에서 설명했듯 발아를 촉진하는 물질이다. 지베렐린은 추위를 겪고 따뜻해지면 그 함유량이 늘어난다. 그래서 발아를 촉진할 수 있는 것이다.

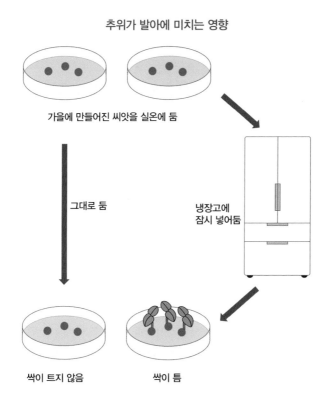

추위가 발아에 미치는 영향

가을에 만들어진 씨앗을 실온에 둠

그대로 둠

냉장고에 잠시 넣어둠

싹이 트지 않음

싹이 틈

새로운 품종의 과일나무는 개체 수를 어떻게 늘릴까?

정답 B 가지를 잘라 접붙이기로 늘린다

새로운 품종을 만드는 방식에는 '우발실생偶發實生', '아조변이芽條變異', '교배'가 있다. 어떤 방식이든 새로운 품종을 만들 때 처음 나온 싹이나 가지는 귀하다. 그 유전자를 가진 단 한 그루의 나무, 단 하나의 가지이기 때문이다.

우발실생과 교배 방식으로 새로운 품종을 만들 때는 '나무 한 그루'에서부터 개체 수를 늘려가야 한다. 심지어 아조변이로 만든 품종은 가지하나에서부터 시작한다.

새 품종의 개체 수를 어떻게 늘릴지 생각해 보자. 같은 품종의 과일은 색, 모양, 맛, 향기, 크기가 모두 같아야 한다. 그래서 새 품종을 보급할 때는 '접붙이기' 방법으로 개체 수를 늘린다. 접붙이기로 개체 수를 늘리면 그 나무는 유전적으로 완전히 같은 성질을 가지게 된다.

접붙이기 외에 가지 중간을 땅에 심어 뿌리가 자라게 만들고, 그 부분을 잘라 새로운 나무를 얻는 '휘묻이'라는 방법도 있지만, 손이 많이 가는 방법이라 잘 사용하지 않는다. 또한 잘라 낸 가지를 땅에 심는 '꺾꽂이'는 성공 확률이 낮고 자라는 데 시간이 걸린다.

접붙이기로 개체 수를 늘릴 때는 어느 정도 성장한 나무나 가지를 대목으로 사용한다. 그래서 씨앗을 심어 처음부터 기를 때보다 열매를 얻는 데 걸리는 시간을 훨씬 줄일 수 있다.

참고로 씨앗을 만들어 뿌리는 방식으로는 개체 수를 늘릴 수 없다. 씨앗에는 꽃가루를 만드는 품종과 씨앗을 만드는 품종의 성질이 섞여 있기 때문이다.

새로운 품종을 만드는 방식

① 우발실생
우연히 생긴 싹이 발견되는 경우

이십세기

휴가나츠

시미즈 백도

② 아조변이
줄기나 가지의 끝에 있는 생장점 세포에서 돌연변이가 발생한 경우

부사

히로사키

③ 교배
계획적으로 새로운 품종을 만들어 내는 방식

피오네

후지미노리

블랙비트

곧 겨울 추위가 찾아올 텐데
왜 가을에 알뿌리를 심을까?

정답 **B**   추위를 겪지 않으면 꽃봉오리가 자라지 않아서

튤립, 히아신스, 수선화와 같이 봄에 꽃이 피는 알뿌리 식물은 가을에 심는다. 알뿌리는 왜 추운 겨울이 다가오는 시기에 심는 걸까?

알뿌리 식물은 여름에 꽃봉오리를 만든다. 하지만 그대로 가을에 꽃을 피우면 그 후에 찾아오는 겨울 추위로 말라 죽어 결국 씨앗을 만들지 못한다. 또한 꽃이 시든 후에도 추위 때문에 알뿌리가 크게 자라지 못하고, 여러 갈래로 뻗어나가지도 못한다.

그래서 꽃봉오리는 추운 겨울이 지나갔다는 사실을 확인한 다음에야 꽃을 피운다. 그리고 이 사실을 확인하기 위해 알뿌리는 겨울 추위를 직접 겪어야만 한다.

예를 들어 튤립의 꽃봉오리는 8~9℃의 낮은 온도에서 3~4개월을 보내지 않으면 자라지 않는다. 따라서 자연에서 저온을 체험하려면 가을에 심을 수밖에 없다. 겨울 추위 속에 있어야 8~9℃의 낮은 온도에서 3~4개월을 지내야 한다는 조건을 맞출 수 있다. 그렇게 따뜻한 봄을 맞이하면 꽃봉오리가 자라 꽃을 피운다.

눈이 녹을 때쯤 싹이 올라오는 튤립

툴립, 히아신스, 수선화의 알뿌리는 겨울 추위를 직접 느껴서 겨울이 지나갔다는 사실을 확인해야 꽃을 피우는 조심성 많은 성질을 가졌다.

그래서 알뿌리 식물은 가을에 심어 8~9℃의 낮은 온도를 충분히 느끼게 해주어야 한다. 그래야 그 후에 봄이 되어 기온이 오르면 싹이 나고 잎이 자라 4월쯤에 꽃을 피울 수 있다.

**여름에 알뿌리 속에
꽃봉오리를 만들어 둔 툴립**

툴립의 촉성 재배에서 적용하는 온도 프로그램

온도(℃)	기간(주)	현상
20	3	꽃봉오리가 생긴다
8	3	꽃봉오리가 자란다
9	10	싹이 나온다
13	3	잎이 3cm로 자란다
17	3	잎이 6cm로 자란다
23	3	꽃이 핀다

가을

겨울

52 초록으로 빛나는 잎을 단 채로 겨울 추위를 나는 식물이 있다. 어떻게 추위 속에서 시들지 않고 녹색을 유지할 수 있을까?

A 겨울 추위에 대비한 대책을 세워 두었다

B 준비하지 않아도 원래 추위에 강하다

C 그런 식물은 추위를 느끼지 못한다

(정답과 해설은 p150)

53 겨울 추위 속에서 자란 채소가 더 '달다'고들 한다. 왜 추위를 이겨낸 채소가 더 달까?

A 단맛을 내는 성분이 많아져서
B 사람의 미각이 예민해져서 단맛이 강해졌다고 느끼기 때문에
C 추위를 이겨낸 후에 기온이 따뜻해지면 단맛이 더 강해지기 때문에

(정답과 해설은 p152)

54 겨울에 나뭇가지를 보면 가을에 생긴 겨울눈이 달려 있다. 이 겨울눈을 싹트게 하려면 어떻게 해야 할까?

A 봄처럼 따뜻하게 해준다
B 여름처럼 덥게 해준다
C 먼저 겨울처럼 춥게 한 다음에 봄처럼 따뜻하게 해준다

(정답과 해설은 p154)

어떻게 추위 속에서 시들지 않고 녹색을 유지할 수 있을까?

정답 A 겨울 추위에 대비한 대책을 세워 두었다

겨울 추위 속에서도 싱그러운 초록 잎을 달고 있는 식물을 보고 '둔해서 추위를 느끼지 못한다'라고 생각한다면 당치도 않은 오해다. 오히려 그들은 겨울 추위를 내다보고 완벽한 대책을 세워 두었다.

녹색 잎은 겨울에도 햇빛을 받아 양분을 만드는 광합성 작용을 한다. 광합성을 하려면 겨울 추위에 얼어서는 안 된다. 즉 추위가 찾아와도 얼어붙지 않는 성질을 가져야만 한다.

그래서 그들은 겨울에 대비해 잎 내부에 얼지 않게 해주는 물질을 많이 만들어 둔다. 예를 들면 설탕과 비슷한 물질인 당분이 있다.

겨울에 대비해 잎이 당분을 많이 만드는 이유는 설탕을 녹이지 않은 물과 설탕을 녹인 물 중에 어느 쪽이 잘 얼지 않는지를 생각해 보면 알 수 있다.

냉장고에 넣으면 설탕물이 잘 얼지 않는다는 사실을 바로 확인할 수 있다. 또한 설탕을 많이 녹일수록 더 잘 얼지 않는다. 물에 당분을 녹일수록 용액의 어는점이 낮아지기 때문이다.

액체인 물이 고체인 얼음으로 변하는 현상을 '응고'라고 하며, 응고가 일어나는 온도를 '어는점'이라고 한다. 일반적으로 물의 어는점은 0℃다. 하지만 물에 설탕 같은 물질을 녹이면 어는 온도가 낮아진다. 이 현상을 '어는점 내림'이라고 한다.

어느점 내림은 '순수한 액체에 비휘발성 물질을 녹일수록 그 액체가 고체로 변하는 온도가 낮아지는 현상'을 말한다. 다시 말해 물속에 당분이 녹을수록 그 액체가 어는 온도가 낮아진다는 의미다.

따라서 당분을 많이 만들어 둔 잎은 겨울 추위에 얼지 않고 녹색을 유지할 수 있다. 실제로는 비타민류나 아미노산도 녹아 있으며, 이 물질들에도 어는점을 내리는 효과가 있어서 잎이 잘 얼지 않는다.

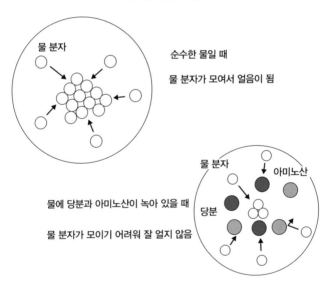

어는점 내림의 원리

물 분자

순수한 물일 때
물 분자가 모여서 얼음이 됨

물 분자   아미노산

물에 당분과 아미노산이 녹아 있을 때   당분

물 분자가 모이기 어려워 잘 얼지 않음

겨울

왜 추위를 이겨낸
채소가 더 달까?

정답 __**A**__   단맛을 내는 성분이 많아져서

앞 질문에서 설명한 나뭇잎과 마찬가지로 추위 속에서 자라는 채소도 당분을 많이 생성하는 방법을 통해 겨울 추위를 이겨낸다. 그래서 무나 배추, 양배추, 당근과 같이 겨울 추위를 이겨낸 채소는 맛이 달다. 추위를 견디며 당분을 만들었기 때문에 단맛이 강해진다.

예를 들어 겨울에 출하하는 시금치는 따뜻한 온실에서 재배한다. 하지만 출하 전에 일부러 일정 기간 찬 바람을 맞게 하는 시금치가 있다. 이런 시금치를 '노지 시금치'라고 부른다. 당분 생성을 늘려 단맛을 높이려고 일부러 찬 바람을 맞게 한다.

이와 마찬가지로 소송채도 온실에서 재배하지만, 위에서 설명한 시금치처럼 출하 전에 일정 기간 온실 안에 일부러 찬 바람이 들게 해서 단맛을 높인다.

또한 초봄에 출하하는 '월동 당근'은 가을에 수확하지 않고 겨울 동안 눈 밑에 묻어둔다. 월동 당근은 '당도가 일반 당근의 약 두 배'에 달해 맛

일부러 추위에 노출한 시금치

이 특히 달다고 한다.

밤도 가을에 수확한 직후 신선한 상태일 때 4℃의 저온에 한 달 정도 저장한다. 이 과정을 거치면 단맛이 몇 배는 증가한다고 한다.

일본의 도야마현은 이런 특성을 이

용해 겨울 한파 속에서 키운 양배추, 당근, 무, 파, 시금치 등에 '한감 채소'라는 이름을 붙여서 적극적으로 판매하고 있다. '한감'은 '춥다(寒)'와 '달다(甘)'를 조합한 말로, 혹독한 추위 속에서 자라 맛이 달다는 의미다.

추위를 만난 식물이 가장 많이 만들어 내는 물질은 당분이다. 하지만 그뿐만 아니라 아미노산과 비타민 같이 물에 녹아서 응고점을 내리는 다른 물질의 생성도 늘어난다. 그래서 단맛이 강해질 뿐만 아니라 맛도 진해지고, 감칠맛도 풍부해진다.

추위에 노출한 시금치의 성분 변화

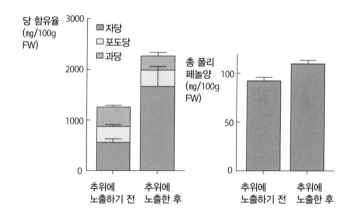

오른쪽은 추위에 20일 동안 노출한 후의 결과.
일본의 종사회사 '다이키종묘'와 '농업식품산업 기술종합연구기구'의
'도호쿠 농업연구센터'가 2013년 3월에 발표한 자료에서 발췌해 작성

겨울

겨울눈을 싹트게 하려면
어떻게 해야 할까?

정답 **C** ── 먼저 겨울처럼 춥게 한 다음에
봄처럼 따뜻하게 해준다

　겨울이 되면 나무의 눈은 대부분 겨울눈이 되어 딱딱한 껍질 속으로 몸을 감춘다. 그러다 봄이 되면 한꺼번에 싹을 틔운다. 왜 겨울눈은 봄이 되면 싹을 틔울까? 이런 질문을 하면 대부분 '봄이 되어서 따뜻해졌으니까'라고 대답한다. 맞는 말이다. 겨울눈이 싹을 틔우려면 따뜻해져야 한다. 하지만 따뜻해졌다고 해서 무조건 싹이 나오는 것은 아니다.

　가을에 생긴 겨울눈을 초겨울에 가지 채로 따뜻한 장소로 옮겨도 싹은 트지 않는다. 따라서 식물이 겨울에 성장하지 않는 이유는 단순히 춥기 때문만은 아니다.

　따뜻한 곳에 있어도 싹이 트지 않는 겨울눈은 '잠들어 있는 상태'이며, 이런 상태를 '휴면'이라고 한다. 그래서 겨울눈을 '휴면아'라고도 한다.

　이 책 44번 질문(p128)에서 설명했듯이 식물이 가을에 겨울눈을 만들 때는 잎에서 눈으로 아브시스산이 이동한다. 아브시스산은 휴면상태를 만들고 발아를 막는 물질이다. 따라서 겨울눈 안에 아브시스산이 있는 한 아무리 기온이 따뜻해도 싹은 트지 않는다.

　싹을 틔우려면 우선 겨울눈이 휴면상태에서 깨어나야 하고, 그러려면 겨울눈 안에 아브시스산이 없어야 한다. 아브시스산은 겨울 추위를 만나면 분해되어 사라진다. 그래서 겨울눈은 싹을 틔우기 전에 먼저 추위부터 겪어야 한다.

겨울 추위 속에서 아브시스산이 분해되면 겨울눈이 잠에서 깨어난다. 다만 이때는 아직 싹을 틔우기에는 날이 추워서 깨어난 상태로 따뜻해지기를 기다린다.

그리고 날이 따뜻해지면 겨울눈 안에서 '지베렐린'이라는 물질이 만들어진다. 이 책 12번 질문(p42)에서 설명했듯이 지베렐린은 씨앗의 발아를 촉진하는 물질이며, 마찬가지로 겨울눈의 발아도 촉진한다. 그래서 따뜻해지면 겨울눈의 싹이 튼다.

즉 봄에 싹이 트는 하나의 현상에는 겨울 추위가 물러간 것을 확인한 싹이 잠에서 깨어난 다음, 봄의 따스함에 반응해 싹을 틔우는 2단계의 과정이 작용한다.

눈에서 일어나는 현상

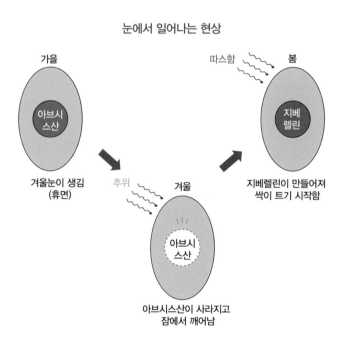

55 나무의 겨울눈을 보면 녹색이 아니라 붉은색을 띠고 있는 것이 많다. 왜 붉은색 겨울눈이 있을까?

A 추위 때문에 눈에 있는 녹색 색소가 붉은색으로 변해서
B 붉은색 색소로 눈을 보호하려고
C 눈이 시들어서 붉은색으로 보일 뿐이다

(정답과 해설은 p158)

56 '수경재배'하는 알뿌리 식물은 아무리 추워도 차가운 물에 담근다. 차가운 물에 담긴 식물이 가엾다며 봄에 꽃을 피우는 알뿌리 식물을 겨울에 따뜻한 방안에서 수경재배하면 어떻게 될까?

A 겨울에 꽃이 피기 시작한다
B 봄이 되면 예쁘고 멋진 꽃이 핀다
C 봄이 되어도 예쁘고 멋진 꽃이 피지 않는다

(정답과 해설은 p160)

57 가을에 뿌린 밀 씨가 싹을 틔우면 겨울에는 발아한 싹을 밟아 주는 '보리밟기'를 해야 한다. 보리밟기하는 수고를 덜기 위해 가을에 파종할 밀 씨를 봄에 뿌리면 어떻게 될까?

A 싹이 트지 않는다
B 싹은 트지만 자라지는 않는다
C 싹도 트고 자라기도 하지만 꽃은 피지 않는다

(정답과 해설은 p162)

트랙터를 이용한 보리밟기

왜 붉은색 겨울눈이 있을까?

정답 **B** 붉은색 색소로 눈을 보호하려고

붉은 색소는 안토시아닌이다. 이 책 27번 질문(p82)에서 설명했듯, 안토시아닌은 항산화물질이다. 햇빛에 포함된 자외선이 식물의 몸에 닿을 때 발생하는 해로운 활성 산소를 제거해 준다. 따라서 겨울눈이 안토시아닌으로 덮여 있으면 몇 가지 좋은 점이 있다.

단단한 겨울눈이 감싸고 있는 중요한 부분을 '생장점'이라고 한다. 생장점은 봄이 되면 잎을 만들기도 하지만 자신도 싹이 되어 자란다.

그런데 겨울에는 햇빛이 약하기는 하지만 나뭇잎이 다 떨어진 상태이다 보니 겨울눈이 자외선에 직접 노출된다. 그래서 겨울눈은 자외선이 만들어 내는 활성 산소로부터 생장점을 직접 지켜야 한다.

생장점을 감싸고 있는 겨울눈의 작고 붉은 잎은 안토시아닌을 이용해 자외선이 만들어 내는 활성 산소를 제거해 준다.

또한 안토시아닌은 겨울눈만이 아니라 새싹도 보호한다. 대부분 새싹은 처음 나올 때 푸릇푸릇한 녹색 잎으로 돋아난다. 하지만 의외로 처음에 나오는 잎이 녹색이 아니라 붉은색을 띠고 있는 나무도 꽤 있다.

이런 나무는 붉은색 잎 사이에 싹이 들어있다. 싹이 자외선에 노출되지 않도록 붉은 색소로 지키는 것이다.

단풍나무의 겨울눈

단풍나무의 새싹

봄에 꽃을 피우는 알뿌리 식물을 겨울에 따뜻한 방안에서 수경재배하면 어떻게 될까?

정답 **C**   봄이 되어도 예쁘고 멋진 꽃이 피지 않는다

이 책 51번 질문(p146)에서 설명했듯 가을에 심는 튤립, 히아신스, 수선화 같은 화초는 여름에 꽃봉오리가 생긴다. 이 꽃봉오리는 가을을 지나 겨울의 추위를 겪은 후에야 자라기 시작해 이듬해 봄에 꽃을 피운다. 그래서 화단에서 재배할 때는 가을에 알뿌리를 심어 추운 겨울을 나게 한다. 따라서 알뿌리 식물은 실내에서 수경재배할 때도 반드시 추위를 겪어야만 한다. 그런데 가을에서 겨울 사이, 수경재배를 하다 보면 차가운 물에 몸을 담그고 추운 방에 있는 식물이 불쌍해 보이기도 한다.

하지만 그렇다고 따뜻한 실내에 두면 추위를 겪지 못한 알뿌리 식물은 봄이 되어도 예쁘고 멋진 꽃을 피우지 못한다. 수경재배하는 알뿌리 식물은 '따뜻하게 해주고 싶다'라는 당신의 친절한 배려를 고맙게 생각하면서도 사양하고 싶을 것이다.

알뿌리 식물이 봄에 꽃을 피우려면 뿌리 안에 있는 꽃봉오리가 일정 기간의 저온 상태를 시작으로 성장에 필요한 온도변화를 순차적으로 경험해야만 한다. 다만 꽃봉오리 성장에 필요한 온도는 식물의 종류에 따라 각각 다르다. 그래서 빨리 꽃을 피우는 데 필요한 온도와 기간을 식물별로 조사한 데이터가 있다. 예를 들어 튤립은 이 책 51번 질문(p146)에 나와 있는 대로다.

이 표를 보면 튤립은 꽃봉오리가 생기고 꽃이 필 때까지 최소 25주 정도가 걸린다. 이 데이터를 이용해 식물을 재배하는 방법이 '촉성재배'이며, 이 방법을 이용하면 크리스마스에도 화분에 핀 튤립을 볼 수 있다. 가을 겨울에 피는 일명 '아이스 튤립'도 이 방법을 이용한다.

겨울은 봄에 꽃을 피우는 알뿌리 식물이 몸을 웅크리고 추위를 버티기만 하는 계절이 아니라, 봄에 꽃을 활짝 피우기 위해 시련을 경험하는 계절이다. 봄에 땅 위로 올라와 꽃을 피우기 위한 발판이 되어주는 시기인 셈이다.

가을에 피는 아이스 튤립

가을에 파종할 밀 씨를 봄에 뿌리면 어떻게 될까?

정답 **C** 싹도 트고 자라기도 하지만 꽃은 피지 않는다

    밀의 종류는 크게 두 가지로 나눌 수 있다. 하나는 가을에 파종하는 품종, 하나는 봄에 파종하는 품종이다. 봄에 파종하는 밀은 봄부터 초여름 사이에 씨앗을 뿌리면 여름에 싹이 자라 가을에 열매를 맺는다.

    봄에 봄 파종 밀 대신 가을 파종 밀 씨앗을 뿌려도 싹은 트고 자란다. 하지만 잎이 아무리 무성해져도 꽃은 피지 않는다. 가을이 되어도 꽃봉오리가 생기지 않는다.

    가을 파종 밀이 자라서 꽃봉오리를 만들려면 싹이 나온 초기에 저온에 노출되어야 하기 때문이다. 이렇게 식물이 꽃봉오리를 만들기 위해 저온 환경을 경험하는 것을 '춘화'라고 한다. 그리고 이 과정을 '춘화처리vernalization'라고 한다.

겨울이 지나고 꽃을 피우기 시작한 밀

    자연에서는 겨울 추위가 이 역할을 한다. 그래서 가을 파종 씨앗은 겨울 추위를 겪어야만 비로소 낮과 밤의 길이에 반응해서 꽃봉오리를 만들 수 있다.

    춘화처리가 필요한 식물은 크게 세 가지로 나눌 수 있다. '가을 파종 일년초', '이년초', '봄 파종 다년초'다. 이 식물들은 규칙적인 성장을 위해 일정 기간 저온 환경을 겪어야 한다. 저온 환경을 만들어 주지 않으면 줄기가

자라고 잎은 돋아나도 꽃은 피지 않는다.

가을 파종 일년초의 싹은 겨울의 추운 시기를 버텨내며 자연 속에서 춘화처리를 거친다. 가을 파종 밀이 여기에 해당한다. **또한 이년초는 어느 정도 자란 뒤에 자연 속에서 겨울 저온을 겪고, 봄 파종 다년초는 꽃이 피기 전에 겨울 동안 자연 속에서 춘화처리를 거친다.**

춘화처리가 필요한 식물

① '가을 파종 일년초'는 가을에 발아한 싹이 겨울을 나며
  춘화처리를 거치고, 이듬해 초여름에 열매를 맺음
  밀, 보리, 호밀, 무(아래 사진 참고) 등

가을　　　　　　겨울　　　　　　봄

② '이년초'는 봄에 싹이 터서 자라난 줄기와 잎이 겨울을 나며
  춘화처리를 거치고, 이듬해에 꽃을 피워 열매를 맺음
  양파, 양배추 등

③ '봄 파종 다년초'는 꽃이 피기 전에 겨울 동안 춘화처리를 거침
  [봄에 피는 여러해살이 식물] 제비꽃, 앵초, 술패랭이꽃 등

겨울

58 겨울에 야간열차를 타고 가다 보면 창밖으로 불을 환하게 밝혀놓은 비닐하우스가 보일 때가 있다. 왜 겨울밤 온실 안에 조명을 밝혀 두는 걸까?

A 밤에도 작업을 하려고
B 낮은 길고 밤은 짧은 환경을 만들어 주려고
C 밤낮을 바꿔주려고

(정답과 해설은 p166)

59 밤에 전등으로 온실 안을 환하게 밝혀서 채소와 화초를 재배하는 방법을 '전조재배'라고 한다. 전조재배를 할 때는 어떤 색의 빛이 가장 효과적일까?

A 청색광
B 녹색광
C 적색광

(정답과 해설은 p168)

60 꽃꽂이용 꽃은 여름에 더운 실내에 두었을 때보다 겨울에 추운 실내에 두었을 때 더 오래간다. 왜 꽃꽂이용 꽃은 겨울의 추운 실내에서 더 오래갈까?

A 방 온도가 낮아서
B 공기가 건조해서
C 어두운 밤이 길어서

(정답과 해설은 p170)

꽃꽂이한 수선화

왜 겨울밤 온실 안에
조명을 밝혀 두는 걸까?

정답 **B**　　낮은 길고 밤은 짧은 환경을 만들어 주려고

이 책 2번 질문(p16)과 37번 질문(p110)에서 설명했듯 식물은 밤의 길이에 반응해서 꽃을 피운다. 예를 들어 국화는 밤이 길어지면 꽃봉오리를 만들고 꽃을 피운다. 하지만 국화꽃은 축하할 일이 있을 때나 위로할 일이 있을 때 모두 찾는 꽃이라 일 년 내내 공급이 필요하다.

그래서 온실 안에 조명을 켜두는 방법으로 낮은 길고 밤은 짧은 환경을 조성해서 국화가 계절을 착각하게 만든다. 국화는 밤이 짧은 환경에서 재배하면 아무리 시간이 지나도 꽃봉오리를 맺지 않는다. 이렇게 전등으로 빛을 만들어 재배하는 방법을 '전조재배'라고 한다.

그러다 출하일이 다가오면 꽃봉오리가 자라서 꽃을 피울 수 있도록 전등을 끄거나 저녁부터 검은 커튼을 둘러쳐서 긴 밤을 만들어 준다. 그러면 꽃봉오리가 생기고 자연스레 꽃이 핀다.

예컨대 새해맞이용 국화꽃을 출하한다면 품종에 따라 다르기는 하지만, 보통 11월 중순부터 밤에 전등을 켜 둔 채로 온실에서 재배한다. 그후에 전등을 꺼서 긴 밤을 만들어 주면 새해 연휴에 맞춰 꽃이 핀다.

전조재배는 회 장식에 쓰이는 청자소엽 잎을 공급할 때도 이용한다. 자소엽은 마당 텃밭에서 키우면 봄에 싹을 틔워 여름부터 가을까지 잎이 계속해서 자라기 때문에 그 잎을 이용하면 된다. 하지만 자소엽은 날이 추워지면 시들어 버린다. 그래서 회를 일 년 내내 청자소엽 잎으로 장식하려면 따뜻한 온실에서 키워야 한다.

그리고 또 하나 중요한 점이 있다. 자소엽은 하지가 지나 낮이 짧아지고 밤이 길어지면 꽃봉오리를 맺고 꽃을 피운다. 꽃이 핀 후에는 잎에 들어있던 영양분이 씨앗을 만드는 일에 쓰이기 때문에 가을에는 잎이 초록빛을 잃는다.

그래서 일 년 내내 푸릇푸릇한 청자소엽의 잎을 얻으려면 온실에서 키우는 동시에 꽃봉오리도 생기지 않도록 해야 한다. 하지만 온실에서 재배하는 가을에서 겨울까지는 밤이 길다. 그대로 내버려 두면 꽃봉오리가 생기고 꽃이 핀다. 그래서 청자소엽은 추위를 막아주는 온실에서 재배해도 밤을 느끼지 못하도록 전등을 켜서 '전조재배'를 해야 한다.

전조재배를 할 때는 어떤 색의 빛이 가장 효과적일까?

정답 **C** 적색광

전조재배를 할 때 밤새 전등을 켜두면 전기료를 감당할 수가 없다. 그래서 전기료를 절약하기 위해 다음과 같은 세 가지 방법을 고안했다. 예를 들어 앞 질문에서 설명한 자소엽의 경우는 품종에 따라 다르기는 하지만, 밤의 길이가 대략 열 시간이 넘어가면 꽃봉오리가 생긴다. 그래서 밤의 길이가 10시간을 넘어가지 않도록 전등을 켜둔다.

이때 첫 번째 방법은 저녁에 어두워진 후 5~6시간 동안 전등을 켜서 밤의 길이가 10시간을 넘지 않도록 하는 것이다. 이 방법을 사용하면 밤새 전등을 켜는 것보다는 전기료를 절약할 수 있다.

두 번째는 밤에 한 시간 간격으로 약 15분 동안만 간헐적으로 전등을 켜는 방법이다. 꽃봉오리를 만들려면 일정 시간 동안은 어둠이 계속되어야 한다. 이 어둠을 중간중간 끊어주면 꽃봉오리 생성을 막을 수 있다.

세 번째는 긴 밤이 이어지는 사이 중간에 한 번, 약 한 시간 정도 전등을 켜는 방법이다. 빛을 만들어서 어두운 밤을 중단시킨다는 뜻에서 이 방법을 '광중단'이라고 한다. 자소엽만이 아니라 다른 식물들도 잎을 통해 밤을 느낀다. 다만 광중단으로 받는 빛의 효과는 시간대별로 다르다. 초저녁과 새벽보다 한밤중에 빛을 만들어 주어야 가장 효과가 좋다.

예를 들어 밤의 길이가 16시간이라고 하면 해가 지고 2~4시간 후에는 빛을 만들어 한 시간 정도 광중단을 해도 별로 효과가 없다. 하지만 약 8시간 후 한밤중이 되었을 때 한 시간 동안 빛을 만들어 주면 밤의 효과가 완전히 사라진다. 즉 꽃봉오리가 생기지 않는다. 그리고 8시간이 넘어가면 다시 광중단 효과가 약해진다.

이때 쓰이는 빛의 색도 밤의 효과를 없애는 작용에 영향을 미친다. 청색광이나 녹색광보다는 적색광이 효과가 좋다. 품종과 빛의 강도에 따라 다르기는 하지만, 실험해 본 결과 한밤중에 한 번, 십몇 분 정도 붉은빛을 비춰주기만 해도 16시간 동안의 밤이 만들어 내는 효과가 완전히 사라지고 꽃봉오리 생성을 막을 수 있었다.

요즘은 식물공장에서도 발광 다이오드를 조명으로 이용한다. 발광 다이오드는 에너지를 절약할 수 있고, 효과가 높은 적색광만 비출 수 있어서 앞으로는 광중단에도 이용될 것으로 보인다.

자소엽 재배와 광중단

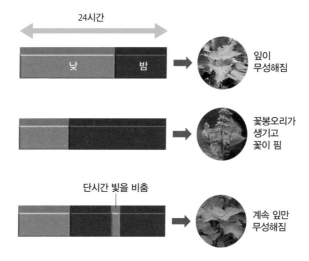

겨울

왜 꽃꽂이용 꽃은
겨울의 추운 실내에서 더 오래갈까?

정답 **A** 방 온도가 낮아서

방 온도는 꽃꽂이한 꽃의 수명에 영향을 미친다. 꽃꽂이한 꽃은 호흡을 하고, 호흡하려면 에너지가 필요하기 때문이다. 온도가 높을수록 호흡은 빨라지고 꽃의 노화도 빨라진다. 따라서 온도를 낮추면 호흡이 억제되고 꽃의 노화 속도를 늦춰 수명이 길어진다.

예를 들어 오른쪽 페이지의 그림처럼 같은 날에 핀 꽃을 10℃, 15℃, 20℃, 25℃ 방에 각각 놓아두면 온도가 낮은 방일수록 꽃은 더 싱싱한 상태를 유지한다. 따라서 여름에는 냉방을 하지 않는 방보다는 냉방을 하는 방에 둔 꽃이, 겨울에는 난방을 하는 방보다 난방을 하지 않는 방에 둔 꽃이 더 오래간다. 단, 온도가 수시로 변하면 꽃의 수명은 짧아진다. 요즘은 이러한 원리를 꽃꽂이용 꽃을 운송할 때도 활용한다.

예전에는 상자에 담아 저온 운반차로 운송했었다. 하지만 이미 개화한 꽃이 춥고 어두운 상자 안에서 싱싱하게 살아있을 리가 없으니 꽃이 어느 정도 시드는 것을 막을 수가 없었다.

또한 꽃집에 진열할 때도 춥고 어두웠던 환경에서 갑자기 빛이 있는 따뜻한 곳으로 이용하게 되면서 꽃봉오리가 급격히 벌어졌다. 이런 식으로 급격한 환경의 변화를 겪은 꽃은 수명이 짧아진다.

그래서 요즘은 꽃봉오리든 개화한 꽃이든, 모두 물이 든 용기에 담아 온도가 변하지 않게 유지하며 옮기는 새로운 운송 방법을 사용한다. 어둡지 않도록 조명 기구로 빛을 비추면 꽃꽂이용 꽃의 수명이 훨씬 길어진다. 최근에는 열이 나지 않는 발광 다이오드 조명을 사용하면서 이런 일이 가능해졌다.

전에는 수명을 늘리기 위해 영양제까지 주면서 옮겨도 7~10일밖에 피어 있지 못했던 꽃의 수명이 10~14일까지 늘어났다. 모두 다 이러한 운송 방식 덕분이다.

온도가 꽃꽂이용 꽃의 수명에 미치는 영향

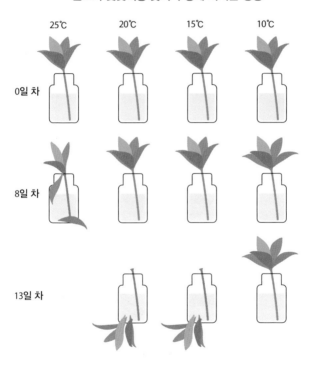

61 꽃꽂이용 꽃의 수명을 늘리는 방법에는 여러 가지가 있다. 다음 중 꽃꽂이용 꽃의 수명을 늘리는 방법으로 적합하지 않은 것은 무엇일까?

A 물 올림
B 물속 자르기
C 줄기 자르기
D 열탕 처리
E 물 보충

(정답과 해설은 p174)

62 우리는 일반적으로 수반이나 꽃병에 물을 채우고 꽃을 꽂는다. 꽂꽂이한 꽃이 오래가게 하려면 물에 무엇을 넣으면 좋을까?

A 3대 비료인 질소, 인산, 칼륨
B 칼슘이나 마그네슘 같은 미네랄
C 포도당이나 자당 같은 당분

(정답과 해설은 p176)

63 '여름의 습한 날씨도, 겨울의 건조한 날씨도 못 참는다'라며 투덜대는 사람이 많다. 그런데 낮에 대기 중의 습도가 높으면 식물도 광합성 속도에 영향을 받을까?

A 습도에 영향을 받지 않는다
B 습도가 높으면 광합성 속도가 빨라진다
C 습도가 높으면 광합성 속도가 느려진다

(정답과 해설은 p178)

꽃꽂이용 꽃의 수명을 늘리는 방법으로 적합하지 않은 것은 무엇일까?

정답 **E** 물 보충

꽃꽂이한 꽃의 수명을 늘리는 방법에는 여러 가지가 있다. 꽃이 싱싱하게 오래가려면 자른 줄기의 단면을 통해 꽃이 물을 빨아올릴 수 있어야 한다. 잘린 단면을 통해 들어간 물은 이 책 22번 질문(p70)에서 소개한 물관이라는 가는 관을 지나간다. 이때 물이 중간에 끊기지 않아야 물관을 통해 위로 잘 올라갈 수 있다.

꽃이나 그 옆에 있는 잎이 물을 빨아올리기는 하지만 만약 물이 중간에서 끊기면 위에서 아무리 빨아올려도 올라가지 못한다. 이렇게 '물 올림'이 원활하지 않으면 꽃은 오래가지 못한다.

그래서 꽃의 줄기를 자를 때는 되도록 물속에서 잘라야 한다. 공기 중에서 자르면 줄기 속으로 들어간 공기가 물관에 차 있는 물 사이를 끊어놓는다. 이런 현상을 막으려면 물속에 줄기를 담근 상태로 잘라야 한다.

이렇게 하면 단면을 통해 공기가 들어가지 않으니 물이 끊길 염려가 없고, 물은 원활하게 물관을 타고 올라가 꽃을 싱싱하게 유지해 준다. 이 방법을 '물속 자르기'라고도 한다.

또한 하루에 한 번, 적어도 며칠에 한 번은 줄기 끝을 물에 담그고 조금씩 더 잘라주는 '줄기 자르기'를 해주는 것이 좋다. 줄기의 단면을 깨끗하게 유지하면 줄기가 물을 더 잘 빨아올릴 수 있다. '줄기 자르기'는 식물을 키울 때 무성하게 자란 가지나 꽃대를 잘라서 모양을 정돈할 때도 쓰는 방법이다.

그리고 '열탕 처리'는 '물 올림' 방법의 하나로, 꽃을 종이로 덮고 줄기 단면을 끓인 물에 몇십 초간 담가서 줄기 속 공기를 빼낸 다음에 바로 물에 담그는 방법이다.

하지만 '물 보충'은 효과가 없다. 요리에서도 쓰이는 단어인 '물 보충'은 끓어 넘치려는 물을 일단 가라앉히기 위해 찬물을 붓는 것을 말한다. 꽃꽂이할 때도 물이 부족하면 물을 더 부어주면 되지 않을까 생각하기 쉽지만 사실 물 보충은 해서는 안 되는 행동이다.

꽃의 수명을 늘리려면 꽃을 꽂은 용기를 깨끗하게 관리하고 물을 자주 갈아주어야 한다. 용기 안에 미생물이 번식하면 물을 빨아올릴 줄기의 단면이 막혀서 물 올림을 방해한다. 따라서 꽃꽂이할 때는 물을 추가로 넣지 말고 자주 갈아주는 것이 좋다.

꽃꽂이한 꽃을 오래가게 하는 '꿀팁'

꽃병 속 물에 표백제 넣기

꽃병에 10원짜리 동전 넣기

줄기 단면을 불에 살짝
그을리거나 끓는 물에 담그기

줄기 단면을 식초나
알코올에 잠시 담그기

꼿꼿이한 꽃이 오래가게 하려면
물에 무엇을 넣으면 좋을까?

정답 C 포도당이나 자당 같은 당분

꽃은 호흡하는 과정에서 에너지를 사용한다. 따라서 에너지를 만들어 줄 물질이 필요하다. 잎이 광합성을 통해 만드는 포도당과 자당 같은 당분이 여기에 쓰인다.

그런데 꼿꼿이한 꽃에는 잎이 거의 없다. 설령 잎이 있다고 해도 고작 작은 잎 몇 장에 불과하다. 게다가 꼿꼿이한 꽃은 빛이 약한 실내에 두기 때문에 광합성을 거의 못 한다.

에너지원인 당분을 만들지 못하면 식물은 생생한 모습을 유지할 수 없다. 뒤집어 말하면 에너지원인 당분을 보충해 주면 꽃을 더 오래가게 할 수 있다는 의미다. 그래서 물에 당분을 약간 넣어서 꽃이 흡수하게 하면 꽃이 싱싱하고 더 오래간다.

다만 적당한 당분의 농도를 맞추는 일이 쉽지 않다. 당분은 꽃의 호흡을 돕기도 하지만 세균의 증식도 촉진한다. 그래서 곰팡이가 생겨서 물관이 막히기도 한다. 일반적으로 청량음료를 다섯 배 정도로 희석하거나 당분

꼿꼿이한 꽃의 예

꼿꼿이한 꽃은 잎을 대부분 제거해
광합성을 거의 하지 못함.
사진은 아네모네

1% 정도가 적당한 농도라고 하니 알아두자. 하지만 이 농도가 모든 식물에 맞는 것은 아니라서 여전히 어려운 문제다.

그 밖에 세균의 번식을 막는 살균제를 당분과 함께 넣는 방법도 있다. 다만 이 방법도 살균제의 농도가 너무 진하면 오히려 꽃의 수명을 줄일 수 있어서 여러 번 시행착오를 겪으며 살균제의 농도나 종류를 찾아가는 수밖에 없다.

당분이 꽃의 크기, 색, 수명에 미치는 영향

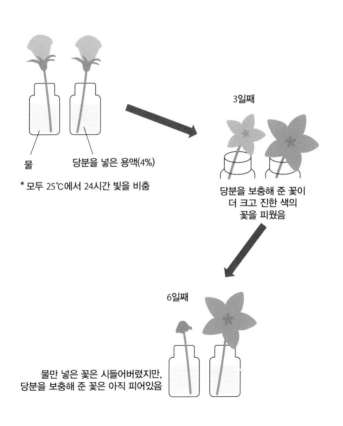

물

당분을 넣은 용액(4%)

*모두 25℃에서 24시간 빛을 비춤

3일째

당분을 보충해 준 꽃이 더 크고 진한 색의 꽃을 피웠음

6일째

물만 넣은 꽃은 시들어버렸지만, 당분을 보충해 준 꽃은 아직 피어있음

낮에 대기 중의 습도가 높으면
식물도 광합성 속도에 영향을 받을까?

정답 B   습도가 높으면 광합성 속도가 빨라진다

습도가 높으면 광합성 속도가 빨라지고 식물은 더 빨리 자란다. 습도가 높은 조건에서 키운 벼와 건조한 조건에서 키운 벼를 비교해 보자. 습도가 높은 환경에서 확실히 더 잘 자란다. 키가 쑥쑥 자라고 잎의 수도 많아지며 잎의 면적도 넓어진다. 물론 식물 전체의 무게도 증가한다.

왜 습도가 높으면 식물이 성장에 영향을 받는 걸까? 그 비밀은 식물들이 낮에 갈증과 싸워가면서 광합성을 한다는 사실에 숨어 있다.

잎이 증산 작용을 통해 밖으로 내보내는 물의 양은 공기 중의 습도에 따라 달라진다. 바싹 마른 공기보다는 축축한 공기일 때 증발하는 물의 양이 적다. 따라서 공기 중에 습도가 높으면 식물들은 안심하고 기공을 활짝 열 수 있다. 기공이 활짝 열리면 이산화탄소를 많이 흡수할 수 있고, 그만큼 광합성이 활발히 이루어지니 식물은 쑥쑥 자란다.

그런데 기공이 크게 열리면 증산 작용이 활발해져서 잎이 마르지 않을까? 당연히 기공이 크게 열리면 증산하는 물의 양은 늘어난다. 하지만 증산하는 물의 양은 기공의 크기보다는 공기 중의 습도에 따라 달라진다.

공기는 수증기를 받아들일 수 있지만, 받아들일 수 있는 수증기의 양은 정해져 있다. 이때 공기가 최대한 받아들일 수 있는 수증기의 양을 '포화수증기량'이라고 한다.

증산하는 물의 양은 포화수증기량과 공기가 실제 포함하고 있는 수증기량의 차이에 따라 정해진다. 그 차이를 '포화차'라고 한다. 포화차가 크면 증산하는 물의 양이 많아지고, 포화차가 작으면 증산하는 물의 양도 적어진다. 습도가 높으면 포화차가 작으니 증산되는 양도 적다. 따라서 습도가 높으면 기공을 크게 열어도 수분이 그다지 많이 증산되지 않는다.

반대로 습도가 낮으면 포화차가 크기 때문에 증산 작용이 활발하게 일어난다. 기공을 크게 열지 않아도 습도가 낮으면 증산량은 늘어난다. 빨래를 생각해 보자. 빨래가 습도가 낮은 날에는 빨리 마르고, 습도가 높은 날에는 천천히 마르는 것과 같은 이치다.

식물은 습도에 따라 잎에서 증산하는 물의 양을 정해 몸속 수분을 관리한다. 따라서 습도는 광합성 속도에도 영향을 미친다.

25℃(포화수증기량 23. 0g/㎥)일 때의 습도와 포화차

습도 (%)	실제로 포함한 수증기량 (g/m3)	포화차 (g/m3)
50	11.5	11.5
60	13.8	9.2
70	16.1	6.9
80	18.4	4.6
90	20.7	2.3

겨울

64 낮에 습도가 높으면 식물들은 활발하게 광합성을 한다. 하지만 밤에는 광합성을 하지 않는다. 밤에 습도가 높으면 식물이 자라는 데 어떤 영향이 있을까?

A 밤의 습도는 광합성에 영향을 미치지 않으므로 성장에 영향을 주지 않는다

B 밤에 습도가 높으면 아침에 하는 광합성을 방해하므로 식물 성장에 좋지 않다

C 밤에 습도가 높으면 아침에 하는 광합성을 촉진하므로 식물 성장에 좋다

(정답과 해설은 p182)

64 나무의 몸통을 옆으로 자르면 단면에 둥근 원이 그려져 있다. 이 원을 '나이테'라고 한다. 나이테는 어떻게 생기는 걸까?

A 매년 봄에 새로운 수피가 형성된 흔적이다

B 여름부터 가을까지 별로 성장하지 않았다는 흔적이다

C 겨울 추위로 얼었던 흔적이다

(정답과 해설은 p184)

66 요즘 사라진 문화지만, 예전에는 한시라도 빨리 대학 합격 소식을 전하고 싶어 전보를 이용하던 때가 있었다. 일본에서는 합격을 알릴 때 다들 '벚꽃이 피었다'라고 전보를 쳤다. 물론 안타깝게도 떨어졌을 때 자주 사용하면 문구도 있었다. 다음 중 불합격을 알리는 전보 문구는 무엇이었을까?

A 벚꽃이 졌다
B 벚꽃이 피지 않았다
C 아직 꽃봉오리다

(정답과 해설은 p186)

밤에 습도가 높으면 식물이 자라는 데 어떤 영향이 있을까?

정답 C 밤에 습도가 높으면 아침에 하는 광합성을 촉진하므로 식물 성장에 좋다

앞 질문에서 설명한 낮의 습도와 마찬가지로, 밤의 습도 역시 식물의 성장에 영향을 주는 중요한 요소다. 다만 밤의 습도가 식물 성장에 미치는 영향은 낮의 습도와 비교하면 미미하다. 하지만 그 영향을 눈으로 확인할 수 있다.

우선 식물을 낮에는 습도가 75%인 환경에서 키운다. 하지만 밤에는 두 그룹으로 나눠 한쪽은 습도가 높은 90%의 환경에, 나머지 한쪽은 습도가 낮은 60% 환경에 놓아둔다. 매일 이 과정을 반복하자. 열흘 후에는 성장의 차이를 눈으로 뚜렷하게 확인할 수 있을 것이다. 습도가 높은 환경에서 밤을 보낸 식물 그룹은 습도가 낮은 환경에서 보낸 식물 그룹보다 키가 크고, 잎의 면적과 잎의 수가 증가했으며 중량도 늘어났다. 뿌리도 더 발달한다.

습도가 높은 공기 속에서 밤을 보내는가, 습도가 낮은 공기 속에서 밤을 보내는가에 따라서 아침을 맞이한 식물의 잎이 머금은 물의 양이 달라진다. 습도가 높은 곳에서 밤을 보낸 식물의 잎은 건조한 곳에서 보낸 식물의 잎보다 더 많은 물을 머금고 있다. 이 차이가 아침에 시작하는 광합성에 영향을 미친다.

식물은 아침이 되면 햇빛을 받아서 광합성을 시작한다. 광합성을 시작할 때는 습도가 낮은 곳에서 밤을 보낸 식물이든, 습도가 높은 곳에서 밤을 보낸 식물이든 속도가 거의 똑같다. 하지만 습도가 낮은 곳에서 밤을

보낸 식물의 광합성 속도는 바로 떨어지기 시작한다. 한편 습도가 높은 곳에서 밤을 보낸 식물의 광합성 속도는 그대로 유지된다.

같은 온도에서 같은 세기의 햇빛을 받으면서도 광합성 속도가 떨어지는 이유는 잎이 머금고 있는 물의 양이 부족해지기 때문이다. 아침에 햇빛을 받아서 광합성을 시작하면 이산화탄소를 흡수하기 위해 기공이 열린다. 동시에 증산 작용을 시작해 수분도 증발한다.

습도가 높은 곳에서 밤을 보낸 식물의 잎은 물을 잔뜩 머금고 있다. 하지만 건조한 조건에서 밤을 보낸 식물의 잎에는 물이 별로 없다. 그래서 똑같이 광합성을 시작해도 물이 빨리 떨어진다. 그렇게 물이 부족해지면 기공이 닫히고 이산화탄소 흡수량도 줄어든다. 결국 광합성 속도도 떨어지게 된다. 이렇듯 밤의 습도도 식물이 자라는 데 영향을 미친다.

딸기의 일액현상

잎이 밤에 많은 물을 흡수하면 아침에 물이 흘러넘침

나이테는 어떻게 생기는 걸까?

정답 **B** ── 여름부터 가을까지 별로
성장하지 않았다는 흔적이다

    나무의 몸통을 잘라보면 원형의 줄무늬가 있다. 이 무늬는 나무가 세월을 거쳐 자라난 흔적이다.

    나무의 몸통에는 수피樹皮 안쪽에 '부름켜'라는 부분이 있다. 몸통의 절단면을 보면 중심 가까이에 단단해진 부분이 있고, 그 바깥쪽을 부름켜가 둥글게 감싸고 있다. 이 부분에서 세포가 활발히 만들어져서 나무의 몸통이 굵어진다. 부름켜는 항상 가운데 있는 단단한 부분의 바깥쪽에 위치하기 때문에 새로 만들어진 세포는 안쪽에 남는다. 그런데 새로 만들어진 안쪽 세포의 크기와 성질이 계절에 따라 달라진다.

나무 그루터기에서 볼 수 있는 나이테

봄에서 여름 사이에 만들어진 세포는 크고, 세포를 둘러싼 세포벽이 얇은 하얀색을 띤다. 그와 반대로 늦여름에서 가을에 만들어지는 세포는 작고 세포벽이 두꺼운 검은색을 띤다.

그래서 매년 계절별로 생성된 세포가 몸통 내부에 원형의 줄무늬를 만든다. 이것이 바로 '나이테'다. 폭이 넓은 나이테는 나무가 쑥쑥 자라는 봄에서 여름 사이에 만들어진 큰 세포다. 반면, 폭이 좁은 나이테는 나무가 잘 자라지 않는 늦여름에서 가을 사이에 만들어진 작은 세포다. 나무가 쑥쑥 자라는 계절에는 나이테의 폭이 넓어진다.

나무 한 그루만 보면 따뜻한 햇빛이 잘 닿는 남쪽의 잎과 가지는 잘 자라고, 그늘진 북쪽의 잎과 가지는 잘 자라지 못한다. 그래서 나이테를 보고 폭이 넓은 쪽이 남쪽이고, 폭이 좁은 쪽이 북쪽이라고 생각하기도 한다. 하지만 실제로 나무의 나이테 폭을 조사해 보니 그렇지 않았다. 한 나무의 나이테만 보았을 때는 방위에 따른 잎과 가지의 성장 차이를 확인할 수 없었다.

나이테

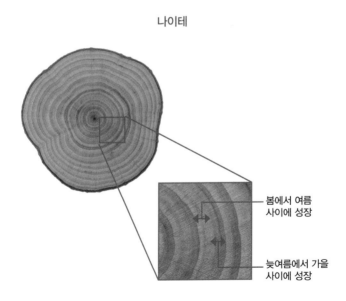

봄에서 여름
사이에 성장

늦여름에서 가을
사이에 성장

불합격을 알리는 전보 문구는 무엇이었을까?

정답 **A** 벚꽃이 졌다

벚꽃은 따스한 봄날의 가장 인기 있는 꽃이다. 그 화려한 풍경 뒤에는 일 년에 걸친 노력이 숨어있다.

벚꽃은 이 책 4번 질문(p22)에서 말했듯 여름에 꽃봉오리를 만들고, 44번 질문(p128)에서 설명했듯 가을에는 꽃봉오리를 겨울눈으로 감싼다.

그리고 54번 질문(p154)에서 설명한 것처럼 겨울 추위 속에서 아브시스산이 분해되면, 이윽고 봄의 포근한 기운 속에 지베렐린의 힘을 빌려 꽃을 피운다.

이처럼 활짝 핀 벚꽃은 일 년에 걸친 노력의 산물이다. 그렇게 생각하면 일본에서 대학 합격을 알릴 때 '벚꽃이 피었다'는 전보를 쳤다는 말에 고개가 절로 끄덕여진다. 이 짧은 문구에는 멋진 꽃을 피운 벚나무의 노력처럼 '합격을 위한 노력이 결실을 맺었다'는 의미가 담겨 있다.

반면 안타깝게도 합격하지 못했을 때는 '벚꽃이 졌다'고 표현한다. 하지만 이런 비유를 논리적으로 따져 보면 '꽃이 피지도 않았는데 질 리가 없다'라고 생각할 수도 있다.

그보다는 '벚꽃이 피지 않았다'나 '아직 꽃봉오리다'라는 문구가 불합격에 더 어울리는 말이 아니었을까. 몇 글자 늘었다고 해서 요금이 크게 차이 나는 것도 아니었을 테니 말이다.

벚꽃이 졌다

벚꽃이 피지 않았다

아직 꽃봉오리다

A.C.Leopold & P.E.Kriedemann. (1975).『Plant Growth and Development』 2nd ed. McGraw-Hill Book Company

A.W.Galston. (1994).『Life processes of plants』. Scientific American Library

滝本 敦/著. (1973).『ひかりと植物』. 大日本図書

田中 修/著. (1998).『緑のつぶやき』. 青山社

田中 修/著. (2000).『つぼみたちの生涯』. 中公新書

田中 修/著. (2003).『ふしぎの植物学』. 中公新書

田中 修/著. (2005).『クイズ植物入門』. ブルーバックス

田中 修/著. (2007).『入門たのしい植物学』. ブルーバックス

田中 修/著. (2007).『雑草のはなし』. 中公新書

田中 修/著. (2008).『葉っぱのふしぎ』. サイエンス・アイ新書

田中 修/著. (2009).『都会の花と木』. 中公新書

田中 修/著. (2009).『花のふしぎ100』. サイエンス・アイ新書

田中 修/著. (2012).『植物はすごい』. 中公新書

田中 修/著. (2012).『タネのふしぎ』. サイエンス・アイ新書

田中 修/著. (2013).『フルーツひとつばなし』. 講談社現代新書

田中 修/著. (2013).『植物のあっぱれな生き方』. 幻冬舎新書

田中 修/著. (2014).『植物は命がけ』. 中公文庫

田中 修/著. (2014).『植物は人類最強の相棒である』. PHP新書

田中 修/著. (2015).『植物の不思議なパワー』. NHK出版

田中 修/著. (2015).『植物はすごい　七不思議篇』. 中公新書

田中 修/著. (2016).『植物学「超」入門』. サイエンス・アイ新書

田中 修/著. (2016).『ありがたい植物』. 幻冬舎新書

田中 修/著. (2018).『植物のかしこい生き方』. SB新書

田中 修/著. (2018).『植物のひみつ』. 中公新書

田中 修/監修. (2008).「おはようパーソナリティ道上洋三です」. ABCラジオ

田中 修/編. (2008).『花と緑のふしぎ』. 神戸新聞総合出版センター

古谷雅樹/著. (1990).『植物的生命像』. ブルーバックス

古谷雅樹/著. (2002).『植物は何を見ているか』. 岩波ジュニア新書

増田芳雄/著. (1988).『植物生理学』. 培風館

년 월 일 오늘의 날씨는

식물일지

 년 월 일 오늘의 날씨는

 식물일지

 년 월 일 오늘의 날씨는

 식물일지

SHOKUBUTSU NO IKIRU "SHIKUMI" NI MATSUWARU 66 DAI

© 2019 Osamu Tanaka
Design: Kunimedia Co., Ltd. / Illustration: Kai Takamura All rights reserved.
Original Japanese edition published SB Creative Corp.
Korean translation copyright © 2023 by Korean Studies Information Co., Ltd.
Korean translation rights arranged with SB Creative Corp.

하루 한 권, 식물

초판 인쇄 2023년 6월 30일
초판 발행 2023년 6월 30일

지은이 다나카 오사무
옮긴이 이은혜
발행인 채종준

출판총괄 박능원
국제업무 채보라
책임편집 권새롬 · 김민정
디자인 서혜선
마케팅 문선영 · 전예리
전자책 정담자리

브랜드 드루
주소 경기도 파주시 회동길 230 (문발동)
투고문의 ksibook13@kstudy.com

발행처 한국학술정보(주)
출판신고 2003년 9월 25일 제406-2003-000012호
인쇄 북토리

ISBN 979-11-6983-282-3 04400
      979-11-6983-178-9 (세트)

드루는 한국학술정보(주)의 지식·교양도서 출판 브랜드입니다.
세상의 모든 지식을 두루두루 모아 독자에게 내보인다는 뜻을 담았습니다.
지적인 호기심을 해결하고 생각에 깊이를 더할 수 있도록, 보다 가치 있는 책을 만들고자 합니다.